JavaScript
函数式编程指南

[美] 路易斯·阿泰西奥 (Luis Atencio) 著

欧阳继超 屈鉴铭 译

人民邮电出版社

北　京

图书在版编目（CIP）数据

　　JavaScript函数式编程指南 /（美）路易斯·阿泰西奥（Luis Atencio）著；欧阳继超，屈鉴铭译. -- 北京：人民邮电出版社，2018.6（2021.4重印）
　　ISBN 978-7-115-46204-6

　　Ⅰ. ①J… Ⅱ. ①路… ②欧… ③屈… Ⅲ. ①JAVA语言-程序设计 Ⅳ. ①TP312

　　中国版本图书馆CIP数据核字(2018)第045224号

版权声明

◆ 著　　　[美] 路易斯·阿泰西奥（Luis Atencio）
　　译　　　欧阳继超　屈鉴铭
　　责任编辑　吴晋瑜
　　责任印制　焦志炜

◆ 人民邮电出版社出版发行　　北京市丰台区成寿寺路 11 号
　　邮编　100164　电子邮件　315@ptpress.com.cn
　　网址　http://www.ptpress.com.cn
　　固安县铭成印刷有限公司印刷

◆ 开本：800×1000　1/16
　　印张：14
　　字数：202 千字　　　　　　　　2018 年 6 月第 1 版
　　印数：6 201 — 6 500 册　　　　2021 年 4 月河北第 11 次印刷
　　著作权合同登记号　图字：01-2016-7580 号

定价：59.00 元
读者服务热线：**(010)81055410**　印装质量热线：**(010)81055316**
反盗版热线：**(010)81055315**

内容提要

本书主要介绍如何通过 ECMAScript 6 将函数式编程技术应用于代码来降低代码的复杂性。

本书共三部分内容。第一部分"函数式思想"是为第二部分的学习作铺垫的，这一部分引入了对函数式 JavaScript 的描述，从一些核心的函数式概念入手，介绍了纯函数、副作用以及声明式编程等函数式编程的主要支柱；第二部分"函数式基础"重点介绍函数式编程的核心技术，如函数链、柯里化、组合、Monad 等；第三部分"函数式技能提升"则是介绍使用函数式编程解决现实问题的方法。

本书循序渐进地将函数式编程的相关知识铺陈开来，以理论作铺垫，并辅以实例，旨在帮助读者更好地掌握这些内容。如果读者是对面向对象软件有一定的了解，且对现代 Web 应用程序挑战有一定认识的 JavaScript 开发人员，那么可以从中提升函数式编程技能。如果读者是函数式编程的初学者，那么可以将本书作为入门书籍仔细阅读，为今后的学习夯实基础。

序

在本科和研究生阶段，我的课程安排专注于面向对象设计，并将其作为软件系统规划与架构设计的唯一方法。像许多开发人员一样，我的职业生涯也是从编写面向对象代码开始的，并且基于该编程范式来构建整个系统。

在整个职业生涯中，我密切关注并学习编程语言，不仅是因为想要学习一些很酷的知识，也因为我对每种语言的设计决策和设计哲学都很感兴趣。新的语言会对如何解决软件问题提供不同的观点，新的范式可以达到相同的效果。虽然面向对象的方法仍然是软件设计的主流工作方式，但是学习函数式编程能够拓宽视野，因为该技术既能够单独使用，也可以与其他设计范例并用。

函数式编程已经存在多年。尽管我听说过Haskell、Lisp、Scheme以及近年流行的Scala、Clojure和F#在表现力方面以及高效的平台上拥有优势，但起初我对此并不是很关心。随着时间的流逝，即使是传统上一直被认为很啰嗦的语言Java，也具有了一些让代码更简洁的函数式特性。最终，这项不起眼的技术变得让我无法抵挡。更令人难以置信的是，JavaScript这种大家都当成面向对象的语言，也可以作为函数式语言来使用了。事实证明，这正是JavaScript更强大、更高效的使用方法。我花了很长时间才发现这一点，所以希望能通过本书让你也意识到这一点，如此一来，你的JavaScript代码就不会变得过于复杂。

作为开发人员，我学会了如何使用函数式编程原则来创建模块化、表达性强且易于理解和测试的代码。毫无疑问，作为一名软件工程师，函数式编程让我脱胎换骨，所以我想记录下这些经验，将其放到一本书中。于是，我联系了 Manning 出版社，打算以Dart编程语言为基础来编写这本函数式编程的书。当时我正在使用Dart，并认为如果将它与我的函数式背景相结合，会产生一个非常有趣的未知领域。因此，我拟定了一个写作方案，并在一个星期后与出版社的人进行了沟通——我了解到 Manning 正在寻找人写一本关于 JavaScript 函数式编程的书。因为 JavaScript 也是我非常痴迷的语言，所以我毫不犹豫地抓住了这个机会。通过这本书，我希望能帮助你提升这方面的技能，并为你的发展带来新的方向。

前言

复杂性是一头需要驯服的巨兽，我们永远无法完全摆脱它，而它也将永远是软件开发的一部分。我曾尝试花费无数小时和无法估量的脑力试图了解一段特定的代码。函数式编程能够帮助你控制代码的复杂性，使其不会与代码库的大小成正比。我们正在编写越来越多的 JavaScript 代码。我们已经经历了小型客户端事件处理程序的构建、富客户端架构以及同构（服务器+客户端）JavaScript 应用程序的实现。函数式编程不是一种工具，而是一种可以同时适用于任何环境的思维方式。

本书旨在说明如何通过 ECMAScript 6 将函数式编程技术应用于代码。本书以渐进、稳定的速度呈现，涵盖了函数式编程的理论和实践两个方面，还为高级读者提供了更多信息，以帮助他们深入了解一些更高级的概念。

本书内容结构

本书分为三部分内容，指导读者学习从基础到函数式编程的更先进的应用。

第一部分"函数式思想"描绘了函数式 JavaScript 的高层次景观。它还讨论了如何像函数式程序员一样函数式地使用和思考 JavaScript 的核心。

- 第 1 章介绍了后续章节包含的一些核心的函数式概念（便于跨越到函数式），介绍了函数式编程的几个主要支柱，包括纯函数、副作用和声明式编程。
- 第 2 章为初级和中级 JavaScript 开发人员准备了练习场，高级的读者也可借此机会复习。本章还介绍了基本的函数式编程概念，为第二部分讨论的技术作铺垫。

第二部分"函数式基础"着重于核心函数式编程技术，包括函数链、柯里化、组合、Monad 等。

- 第 3 章介绍了函数链，并探讨了如何使用递归和高阶函数组合成程序，如 map、filter 和 reduce。其过程会使用到 Lodash.js。
- 第 4 章介绍流行的提高代码模块化程度的技巧和组合。使用诸如 Ramda.js 之类的函数式框架。组合是编排整个 JavaScript 解决方案的黏合剂。

■ 第 5 章带读者深入了解函数式编程的更多理论领域，并在错误处理的上下文中对 Functor 和 Monad 进行了全面并循序渐进的讨论。

第三部分"函数式技能提升"讨论了使用函数式编程解决现实世界挑战的优势。

■ 第 6 章揭示了函数式程序易于进行单元测试的原因，还引入了一种严密的自动测试模式（称为**基于属性测试**）。

■ 第 7 章介绍了 JavaScript 函数求值的内存模型。本章还讨论了有助于优化函数式 JavaScript 应用程序执行时间的技术。

■ 第 8 章介绍了 JavaScript 开发人员在处理事件驱动和异步行为时经常遇到的一些主要挑战，讨论了函数式编程如何提供优雅的解决方案，以通过使用 RxJS 实现的称为**反应式编程**的相关范例，来降低现有命令式解决方案的复杂性。

本书面向的读者

本书是针对对面向对象软件有基本了解，以及对现代 Web 应用程序挑战具有一定认识的 JavaScript 开发人员编写的。JavaScript 是一种无处不在的语言，如果你需要函数式编程的介绍，并喜欢熟悉的语法，那么完全可以充分利用本书，而不是去学习 Haskell（如果想要以更轻松的方式入门 Haskell，本书不是最好的资源，因为每种语言都有自己的特性，直接学习其实是最好的理解）。

本书通过对高阶函数、闭包、函数调用、组合以及新的 JavaScript ES6 特性（如 lambda 表达式、迭代器、生成器和 Promise）的介绍，帮助初级和中级程序员提高他们的 JavaScript 技能。高级开发人员也将从中领略到 Monad 和响应式编程的解读，从而可以运用创新的方法，来完成处理事件驱动和异步代码的艰巨任务，并充分地使用 JavaScript 平台。

如何使用本书

如果读者是初级或中级 JavaScript 开发人员，并且刚刚接触函数式编程，请从第 1 章读起。如果读者是一名高级 JavaScript 程序员，那么可以简要阅读第 2 章，然后从第 3 章的函数链和整体函数式设计读起。

函数式 JavaScript 的更高级用户通常已经理解纯函数、柯里化和组合，因此可以快速浏览第 4 章，并从第 5 章开始学习 Functor 与 Monad。

示例和源代码

本书中的代码示例使用 ECMAScript 6 JavaScript 编写，它可以在服务器（Node.js）或客户端上运行。一些示例需要 IO 和浏览器 DOM API，但没有考虑浏览器的兼容性。期望读者已经有在 HTML 页面和控制台的基础级互动的经验。代码对浏览器没有特定要求。

本书大量使用了诸如 Lodash.js、Ramda.js 等函数式的 JavaScript 库。读者可以在附录中找到文档和安装信息。

本书包含大量用于展示函数式技术的代码清单，并在适当的情况下比较了命令式和函数式设计。读者可以在 Manning 官方网站和 GitHub 上找到所有代码示例。

本书体例

本书中使用了以下约定：

粗体字用于引用重要术语。

`Courier` 字体用于表示代码清单，以及元素和属性、方法名称、类、函数和其他编程工件。

代码清单中会有一些代码注释，以突出重要的概念。

作者简介

Luis Atencio（@luijar）是美国佛罗里达州劳德代尔堡的 Citrix Systems 公司的一名软件工程师。他拥有计算机科学学士学位和硕士学位，现在使用 JavaScript、Java 和 PHP 平台进行全职开发和构建应用程序。Luis 积极参与社区活动，并经常在当地的聚会和会议中发表演讲。他在 luisatencio.net 上发布关于软件工程的博客，并为杂志和 DZone 撰写文章，同时还是《RxJS in Action》的共同作者。

作者在线

读者可免费访问由 Manning 出版社运营的专有网络论坛，可以在论坛对本书发表评论、询问技术问题，并从作者和其他用户那里获得帮助。注册后可在该页面获取如何进入论坛，如何寻求帮助以及论坛上的行为规则等信息。

Manning 只提供读者之间以及读者和作者之间进行有意义的对话的平台。作者对其具体参与程度不承担任何责任，且作者在线的贡献是自愿的（而且是无偿的），因此我们建议读者尽可能提出一些具有挑战性的问题，以获得作者关注。只要本书在销，读者将一直可以访问作者在线论坛及所有讨论。

资源与支持

本书由异步社区出品，社区（https://www.epubit.com/）为您提供相关资源和后续服务。

提交勘误

作者和编辑尽最大努力来确保书中内容的准确性，但难免会存在疏漏。欢迎您将发现的问题反馈给我们，帮助我们提升图书的质量。

当您发现错误时，请登录异步社区，按书名搜索，进入本书页面，单击"提交勘误"，输入勘误信息，单击"提交"按钮即可。本书的作者和编辑会对您提交的勘误进行审核，确认并接受后，将赠送给您异步社区的 100 积分（积分可用于在异步社区兑换优惠券、样书或奖品）。

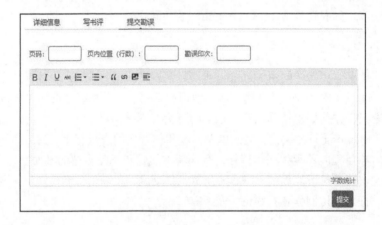

扫码关注本书

扫描下方二维码，您将会在异步社区微信服务号中看到本书信息及相关的服务提示。

与我们联系

我们的联系邮箱是 contact@epubit.com.cn。

如果您对本书有任何疑问或建议，请您发邮件给我们，并请在邮件标题中注明本书书名，以便我们更高效地做出反馈。

如果您有兴趣出版图书、录制教学视频，或者参与图书翻译、技术审校等工作，可以发邮件给我们；有意出版图书的作者也可以到异步社区在线提交投稿（直接访问 www.epubit.com/selfpublish/submission 即可）。

如果您是学校、培训机构或企业，想批量购买本书或异步社区出版的其他图书，也可以发邮件给我们。

如果您在网上发现有针对异步社区出品图书的各种形式的盗版行为，包括对图书全部或部分内容的非授权传播，请您将怀疑有侵权行为的链接发邮件给我们。您的这一举动是对作者权益的保护，也是我们持续为您提供有价值的内容的动力之源。

关于异步社区和异步图书

"异步社区"是人民邮电出版社旗下 IT 专业图书社区，致力于出版精品 IT 技术图书和相关学习产品，为作译者提供优质出版服务。异步社区创办于 2015 年 8 月，提供大量精品 IT 技术图书和电子书，以及高品质技术文章和视频课程。更多详情请访问异步社区官网 https://www.epubit.com。

"异步图书"是由异步社区编辑团队策划出版的精品 IT 专业图书的品牌，依托于人民邮电出版社近 30 年的计算机图书出版积累和专业编辑团队，相关图书在封面上印有异步图书的 LOGO。异步图书的出版领域包括软件开发、大数据、AI、测试、前端、网络技术等。

异步社区

微信服务号

致谢

写书并不是一件容易的事，需要经过许多人不懈的合作，才能从一页页手稿汇聚成最终呈现到你面前的一本书。

Manning 出版社编辑团队的工作非常出色，他们发挥了极其重要的作用，确保图书的质量达到了我们双方的预期。我发自内心地感谢他们每一个人。没有他们，这本书是不可能完成的。特别感谢 Marjan Bace 和 Mike Stephens 相信我能够胜任本书作者；感谢 Marina Michaels 给了我"地图"和"手电筒"，以引导我走出如迷宫般的写书的挑战；感谢 Susan Conant 给我上了如何编写技术书的第一课，让我的写作走上正轨；感谢 Bert Bates 给了我最初的创意火花，以及他在教授编程时的惊人见解；感谢团队的所有编辑和制作人员，包括 Mary Piergies、Janet Vail、Kevin Sullivan、Tiffany Taylor、Katie Tennant、Dennis Dalinnik 和许多在幕后工作的人。

非常感谢 Aleksandar Dragosavljevic 带领的技术审阅小组：Amy Teng、Andrew Meredith、Becky Huett、Daniel Lamb、David Barkol、Ed Griebel、Efran Cobisi、Ezra Simeloff、John Shea、Ken Fukuyama、Peter Edwards、Subhasis Ghosh、Tanner Slayton、Thorsten Szutzkus、Wilfredo Manrique、William E. Wheeler、Yiling Lu 以及那些才华横溢的论坛贡献者。他们找出了各种技术错误、术语错误和文字差错，并给出了相应的建议。论坛的每一轮审查过程和每一个反馈都使得该手稿更加完美。

在技术方面，特别感谢担任本书技术编辑的 Dean Iverson 以及担任本书技术校对的 Daniel Lamb。同时感谢 Brian Hanafee，他对整本书进行了深入的评估。他们是我见过的最好的技术编辑。

最后感谢我的妻子一直以来的支持，感谢我的家人每天都在帮助我变得更好，感谢他们不计较我在写书的时候没有经常与他们联系。此外，感谢我的同事购买了早期版本的章节。我很荣幸能与这些了不起的人一起工作。

目录

第一部分　函数式思想

第二部分　函数式基础

第三部分　函数式技能提升

第一部分

函数式思想

也许读者构建专业应用程序的大部分经验都与面向对象语言有关。读者可能通过阅读其他书籍、博客、论坛和杂志文章听说过函数式编程，但却从来没有编写过任何函数式代码。别担心，这正是笔者所想到的。笔者也曾在面向对象的环境中完成了大部分开发工作。编写函数式代码并不困难，但学会函数式的思考、放弃旧习惯才是真正的挑战。本书第一部分的主要目标是为第二部分和第三部分讨论的函数式技术奠定基础。

第 1 章讨论了什么是函数式编程，以及需要以什么样的心态来迎接它，同时还介绍了基于纯函数、不可变性、副作用和引用透明性等概念的一些重要技术。这些技术能够形成函数式代码的主干，并将帮助读者更轻松地走近函数式编程。此外，这也将成为后面章节中许多代码设计的指导原则。

第 2 章揭示了 JavaScript 作为函数式语言的另一面。由于 Javascript 是主流语言且广泛存在，因此这是一门理想的、可用来教授函数式编程的语言。如果读者不是一名高级 JavaScript 开发人员，本章将帮助你快速了解学习函数式 JavaScript 的必备基础，例如高阶函数、闭包和作用域规则。

第 1 章 走近函数式

面向对象编程（OO）通过封装变化使得代码更易理解。

函数式编程（FP）通过最小化变化使得代码更易理解。

——Michael Feathers (Twitter)

如果你正在阅读这本书，那么很可能你已经是一名拥有面向对象或结构化设计工作经验的 JavaScript 软件开发人员，但你对函数式编程很感兴趣。或许你曾经尝试过学习它，但并不能在工作或个人项目中成功地应用它。这样的话，你的主要目标是增强开发技能，提高代码质量，那么本书可以帮助你实现这一目标。

Web 平台的快速演进和浏览器的不断进化以及最重要的——用户的需求，给如今的 Web 应用的设计带来了意想不到的变化。人们期望 Web 应用给人的感觉应该更像本地的桌面应用，或是具有丰富且响应式的部件的移动应用。这样的期望自然而然地迫使 JavaScript 开发人员能够更广泛地去思考各种解决方案，并适时地采用那些可能提供最优解决方案的编程范式和最佳实践。

作为开发人员，我们总是更喜欢那些拥有简洁应用结构并可以增强软件扩展性的框架。然而代码库的复杂性仍然超出预期，这使得我们去重新审视这些代码的基本设计原则。此外，互联网对于 JavaScript 开发人员来说已今非昔比，因为今天的我们可以实现很多以前技术上不可行的东西了。我们可以用 Node.js 来编写大型的服务器端应用程序，还可以将大量的业务逻辑放到客户端去实现，使得服务端非常轻巧。这就需要与外部存储的交互、创建异步进程、处理事件，等等。

面向对象设计有助于解决一部分问题，但由于 JavaScript 是一种拥有很多共享状态的动态语言，用不了多久，代码就会积累足够的复杂性，变得笨拙而难以维护。面向对象设计的确能够一定程度地缓解这个问题，但我们需要的比缓解更多。也许最近几年你听说过**响应式编程**这个术语。这种编程范式有助于数据流的处理和变化的传递。而在处理 JavaScript 中的异步或事件响应时，这一点至关重要。总之，我们需要一个能够引发我们对数据及其交互的函数深入思考的编程范式。当考虑应用设计时，你应该问问自己是否遵从了以下的设计原则。

- **可扩展性**——我是否需要不断地重构代码来支持额外的功能？
- **易模块化**——如果我更改了一个文件，另一个文件会不会受到影响？
- **可重用性**——是否有很多重复的代码？
- **可测性**——给这些函数添加单元测试是否让我纠结？
- **易推理性**——我写的代码是否非结构化严重并难以推理？

如果对于这些问题，你的回答是"是"或是"不知道"，那么本书就能够指导你提高生产效率。函数式编程就是你需要的编程范式。尽管函数式编程基于一些简单的概念，但它还需要你换一种思考问题的方式。函数式编程不是一种新工具或新的 API，而是另一种解决问题的方式，一旦你了解了它的基本原则，所要解决的问题将变得很直观。

本章将解释函数式编程的概念，并告诉你它那么有用和重要的原因，以及让其发挥作用的方法。我们将了解不变性和纯函数的核心原则，探讨函数式编程的技术，以及这些技术能够怎样影响程序的设计。这些技术能够使你更加轻松地学习响应式编程，并解决复杂的 JavaScript 任务。但在了解这一切之前，你需要知道为什么函数式思维方式如此重要的，以及它如何帮助解决 JavaScript 程序的复杂性。

1.1　函数式编程有用吗？

函数式编程的学习从未像今天这样重要。开发社区和各大软件公司都开始意识到使用函数式编程给其业务应用带来的好处。如今，大多数主流编程语言（如 Scala、Java 8、F#、Python 和 JavaScript 等）都提供原生的或基于 API 的函数式支持。因此，行业对函数式编程技能的需求量很大，同时将在未来的几年不断增长。

在 JavaScript 的上下文中，函数式思想可以用来塑造令人难以置信的语言特性，帮助你编写干净的、模块化的、可测试的并且简洁的代码，使你在开发过程中更加高效。多年来，一个一直被忽略的事实是，JavaScript 可以用函数式风格写得更加高效。部分原因是由于对 JavaScript 语言的整体理解偏差，另外也由于 JavaScript 缺乏一些能够妥当管理状态的原生结构——这种动态语言将管理状态的职责交给了开发人员（也是在程序中引入 bug 的原因之一）。这个问题并不会影响规模较小的脚本代码，但随着代码量的不断增长，会变得越来越难以控制。所以从某种程度上而言，我认为函数式编程能够在 JavaScript 中保护你不受该问题的影响。这个问题将在第 2 章进一步探讨。

　　编写函数式的 JavaScript 代码能够克服以上提到的大部分问题。通过使用一整套基于纯函数式的已被科学证明的技术与实践，即便复杂性日益提高，你也可以编写出易于推理和理解的代码。编写函数式的 JavaScript 是一件一举两得的事情，因为它不仅能够提高整个应用程序的质量，也能够更好地了解并精通 JavaScript 语言本身。

　　因为函数式编程是一种编写代码的方式，而不是一种框架或工具，函数式的思维方式与面向对象的思维方式完全不同。但如何迈向函数式呢？如何开始使用函数式去思考呢？一旦你掌握了它的本质，函数式编程将是直观的。摒弃旧习是最难的部分，对于一个有面向对象背景的人来说，将是一个巨大的编程范式转变。在学习如何使用函数式思考之前，首先你必须知道函数式编程到底是什么。

1.2　什么是函数式编程?

　　简单来说，函数式编程是一种强调以函数使用为主的软件开发风格。你可能会说，"就这样啊，我早就在日常的基本工作中使用函数了。有什么不一样么？"正如之前提到的，函数式编程需要你在思考解决问题的思路时有所变化。其实使用函数来获得结果并不重要，函数式编程的目标是使用函数来**抽象作用在数据之上的控制流与操作**，从而在系统中**消除副作用**并**减少对状态的改变**。我知道这听起来很拗口，但我将在书中进一步逐个地解释这些贯穿全书的术语。

　　通常情况下，函数式编程一类的书都会以斐波那契数列的计算为例开始讲解，但我更愿意以一个在 HTML 页面上显示文字的简单 JavaScript 程序作为开始。还有什么例子比输出一句经典的"Hello World"更好的呢？

```
document.querySelector('#msg').innerHTML = '<h1>Hello World</h1>';
```

注意

　　就像之前提到的，函数式编程不是一种具体的工具，而是一种编写代码的方式。因此，你既可以用它来编写客户端（基于浏览器的）程序，也可以用它来编写服务器端的应用程序（如 Node.js）。打开浏览器、直接输入一段代码，这应该是让 JavaScript 运行起来的最简单的方式，而这也是本书需要你准备的所有东西。

　　这个程序很简单，但因为所有代码都是写死的，所以不能动态地显示消息。如果想改变消息的格式、内容或者目标 DOM 元素，就需要重写整个表达式。也许你决定用一个函数来封装这段代码，用参数来表明可变的部分。这样就可以只定义一遍，并通过不同的参数配置来使用它：

```
function printMessage(elementId, format, message) {
    document.querySelector(`#${elementId}`).innerHTML =
        `<${format}>${message}</${format}>`;
}

printMessage('msg', 'h1','Hello World');
```

这样确实有所改进，但它仍然不是一段可重用的代码。假设要将文本写入文件，而非 HTML 页面。你要形成一种简单的思维过程，即在另一个层面来创建参数化的函数，其参数不再只是量值，也可以是可以提供更多功能的函数。函数式编程就像是给函数打了激素，唯一目的就是执行并组合各种函数来实现更强大的功能。先展示一下函数式解决该问题的部分代码，如清单 1.1 所示。

清单 1.1   函数式的 printMessage

```
var printMessage = run(addToDom('msg'), h1, echo);

printMessage('Hello World');
```

毫无疑问，这段代码与之前的完全不同。首先，h1 不再是一个量值了，它与 addToDom 和 echo 一样都是函数。这样看上去好像是用一些较小的函数构建了一个新的函数。

代码写成这样是有原因的。清单 1.1 将程序分解为一些更可重用、更可靠且更易于理解的部分，再将它们组合起来，形成一个更易推理的程序整体。所有的函数式程序都遵循这一基本原则。从目前来看，要用一个神奇的函数 run[1]来序列地调用一系列的函数，例如 addToDom、h1 和 echo。后面会详细解释 run 函数。在后台，run 函数基本上是通过将一个函数的返回值作为下一个函数的输入这种方式将各个函数链接起来。这样，由 echo 返回的字符串"Hello World"被传递到 h1 中，而结果又最终被传递到 addToDom 里。

为什么函数式的解决方案是这样的呢？笔者更喜欢将其想成将代码本身参数化，这样以一种非侵入式的方式修改它——例如修改一个算法的初始条件。基于这种方式，开发者可以轻松地增强 printMessage 来输出两遍文本，再换个 h2 的标题，最终将文本信息写入到控制台，而非 DOM 元素，而所有这些都无须重写任何内部的逻辑。代码如清单 1.2 所示。

清单 1.2   扩展 printMessage

```
var printMessage = run(console.log, repeat(3), h2, echo);

printMessage('Get Functional');
```

---

[1] 更多关于这个临时的 run 函数的细节，请访问 http://mng.bz/nmax。

这种视觉上不同的做法并非偶然。通过比较函数式和非函数式的解决方案，你会发现它们在代码风格上存在着根本区别。尽管它们的打印输出相同，但它们看起来却截然不同。这是源于函数式编程开发中固有的声明模式。为了充分理解函数式编程，读者首先必须知道它所基于的一些基本概念。

- 声明式编程。
- 纯函数。
- 引用透明。
- 不可变性。

1.2.1 函数式编程是声明式编程

函数式编程属于**声明式**编程范式：这种范式会描述一系列的操作，但并不会暴露它们是如何实现的或是数据流如何穿过它们。目前，更加主流的是**命令式**的或**过程式**的编程范式，如 Java、C#、C++ 和其他大多数结构化语言和面向对象语言都对其提供支持。命令式编程将计算机程序视为一系列自上而下的断言，通过修改系统的各个状态来计算最终的结果。

我们来看一个命令式的程序样例。假设你需要计算一个数组中所有数的平方，命令式的程序应有如下步骤：

```
var array = [0, 1, 2, 3, 4, 5, 6, 7, 8, 9];
for(let i = 0; i < array.length; i++) {
   array[i] = Math.pow(array[i], 2);
}
array; //-> [0, 1, 4, 9, 16, 25, 36, 49, 64, 81]
```

命令式编程很具体地告诉计算机**如何**执行某个任务（在本例中是通过数组循环并将平方公式应用在每个数上）。这是编写代码的最常见方式，你在第一次实现该功能时很有可能也是这样写的。

而声明式编程是将程序的描述与求值分离开来的。它关注于如何用各种**表达式**来描述程序逻辑，而不一定要指明其控制流或状态的变化。你可以在 SQL 语句中找到声明性编程的例子。SQL 语句是由一个个描述查询结果应是什么的断言组成，对数据检索的内部机制进行了抽象。在第 3 章中，我们会看到一个使用类似 SQL 语句的模式组织起来的函数式代码，它能够同时描述应用程序及运行于其中的数据的意义。

如果使用函数式来解决相同的问题，只需要对应用在每个数组元素上的行为予以关注，将循环交给系统的其他部分去控制。完全可以让 `Array.map()` 去做这种繁重的工作：

```
[0, 1, 2, 3, 4, 5, 6, 7, 8, 9].map(
     function(num) {
        return Math.pow(num, 2);
     });
//-> [0, 1, 4, 9, 16, 25, 36, 49, 64, 81]
```

map 接收一个计算平方的函数

与之前的命令式代码相比，可以看到函数式的代码让开发者免于考虑如何妥善管理循环计数器以及数组索引访问的问题。简单地说，代码量越大，存在 bug 的地方就会越多。同时，标准的代码循环是很难被重用的东西，除非将它们抽象为函数。而这正是我们要去做的。在第 3 章中，我们将阐述如何使用如 map、reduce 和 filter 这样的一等高阶函数来从代码中去除循环，它们都以函数为参数，可以增强代码的可重用性、可扩展性和声明性。这就是那个神奇的 run 函数在清单 1.1 和清单 1.2 中所做的事。

你可以发挥 ES6 JavaScript 的 **lambda 表达式**以及**箭头函数**的优势来将循环抽象成函数。lambda 表达式提供了一种匿名函数的简写方式，并可以作为函数类型的参数来传递，以减少代码的书写：

```
[0, 1, 2, 3, 4, 5, 6, 7, 8, 9].map(num => Math.pow(num, 2));

//-> [0, 1, 4, 9, 16, 25, 36, 49, 64, 81]
```

将 lambda 转换为常规函数

lambda 表达式提供了一种比常规函数更具语法优势的特性，因为它简化了常规函数的结构，使人关注于函数的那些真正重要的部分。下面的 ES6 lambda 表达式：

```
num => Math.pow(num, 2)
```

等同于以下函数：

```
function(num) {
  return Math.pow(num, 2);
}
```

为什么要去掉代码循环？循环是一种重要的命令控制结构，但很难重用，并且很难插入其他操作中。此外，它意味着为响应新的迭代，代码会不断变化。你马上就会知道，函数式编程旨在尽可能地提高代码的**无状态性**和**不变性**。无状态的代码不会改变或破坏全局的状态。但要做到这一点，开发者要学会使用那些没有副作用和状态变化的函数——也称为纯函数。

1.2.2　副作用带来的问题和纯函数

函数式编程基于一个前提，即使用纯函数构建具有不变性的程序。纯函数具有以下性质。

- 仅取决于提供的输入，而不依赖于任何在函数求值期间或调用间隔时可能变化的隐藏状态和外部状态。
- 不会造成超出其作用域的变化，例如修改全局对象或引用传递的参数。

直观地看，任何不符合以上条件的函数都是"不纯的"。编写不可变的程序起初会令人感到陌生。毕竟，我们所习惯的命令式程序设计的本质，就是声明一些从一个状态变为下一个状态的变量（毕竟它们是"变量"）。这是我们做起来很自然的事。考虑以下函数：

```
var counter = 0;
function increment() {
    return ++counter;
}
```

　　这个函数是不纯的，因为它读取并修改了一个外部变量，即函数作用域外的 counter。一般来说，函数在读取或写入外部资源时都会产生副作用，如图 1.1 所示。另一个例子是经常见到的函数 Date.now()，它的输出肯定是不可预见的并且不一致的，因为它总是依赖于一个不断变化的因素——时间。

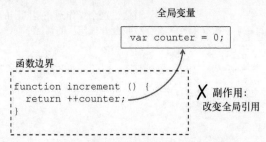

图 1.1　函数 increment() 通过读取 / 修改一个外部变量 counter 而产生副作用。
　　　　其结果是不可预见的，因为 counter 可以在调用间隔的任何时间发生改变

　　在这个例子中，counter 可以通过一个隐式全局变量被访问到（在浏览器的 JavaScript 环境中，这个变量是 window 对象）。另一种常见的副作用发生在通过 this 关键字访问实例数据时。this 在 JavaScript 中的行为与其他编程语言中的不同，因为它决定了一个函数在运行时的上下文。而这往往就导致很难去推理代码，这就是为什么要尽可能地避免。我们将在下一章重温这个话题。在很多情况下，以下副作用都有可能发生。

- 改变一个全局的变量、属性或数据结构。
- 改变一个函数参数的原始值。
- 处理用户输入。
- 抛出一个异常，除非它又被当前函数捕获了。
- 屏幕打印或记录日志。
- 查询 HTML 文档、浏览器的 cookie 或访问数据库。

　　如果无法创建和修改对象，或是打印到控制台，这样的程序会有什么实用价值？事实上，在一个充满了动态行为与变化的世界里，纯函数确实是很难使用的。但是，函数式编程在实践上并不限制**一切**状态的改变。它只是提供了一个框架来帮助管理和减少可变状态，同时让你能够将纯函数从不纯的部分中分离出来。之前列出的那些不纯的代码都会产生**外部可见的**副作用，而本书会探索处理该问题的方法。

　　为了更具体地讨论这些问题，假设你是一名开发人员，而你的团队正在实现一个用

来管理学校学生数据的应用程序。清单 1.3 是一个短小的命令式程序，它能通过社会安全号码（SSN）找到一个学生的记录并渲染在浏览器中（同样，是不是使用浏览器并不重要，你也可以很容易地写入控制台、数据库或文件）。本书会涉及并扩展这个程序，因为它是一个典型的、真实的场景，其中包含了很多与外部的本地对象存储结构（例如一个对象数组）和不同层次的 IO 交互而产生的副作用。

清单 1.3　命令式的 `showStudent` 函数以及产生的副作用

```
function showStudent(ssn) {
    var student = db.get(ssn);        在对象存储中通过 SSN 查找学生。
    if(student !== null) {            请假设这个操作现在是同步的，之
                                      后我会处理异步的情况
        document.querySelector(`#${elementId}`).innerHTML =    读取函数外
            `${student.ssn},                                   的 elementId
            ${student.firstname},                              变量
            ${student.lastname}`;
    }
     else {
        throw new Error('Student not found!');    当学生信息
    }                                             错误时抛出
}                                                 异常

showStudent('444-44-4444');    使用 SSN 号 444-44-4444
                               作为参数执行函数，结果
                               会显示在页面上
```

进一步分析这段代码。这个函数显然将一些副作用暴露到其作用域之外：

■ 该函数为访问数据，与一个外部变量（db）进行了交互，因为该函数签名中并没有声明该参数。在任何一个时间点，这个引用可能为 null，或在调用间隔改变，从而导致完全不同的结果并破坏了程序的完整性。

■ 全局变量 elementId 可能随时改变，难以控制。

■ HTML 元素被直接修改了。HTML 文档（DOM）本身是一个可变的、共享的全局资源。

■ 如果没有找到学生，该函数可能会抛出一个异常，这将导致整个程序的栈回退并突然结束。

一方面，清单 1.3 中的函数依赖了外部资源，使得代码很不灵活，很难维护并且难以测试。另一方面，使用纯函数，其函数签名对所描述的所有形参（输入集）都有明确的约定，使其更易于理解和使用。

再回到函数式的世界，用在简单的 printMessage 程序中学到的东西来应对这种真实的情况。在阅读本书时，你会逐渐适应函数式，而本书会不断地改进并应用新技术来实现这个任务。目前可以改进以下两点。

■ 将这个长函数分离成多个具有单一职责的短函数。

■　通过显式地将完成功能所需的依赖都定义为函数参数来减少副作用的数量。

首先分离屏幕显示与获取学生记录的行为。当然，与外部存储系统和 DOM 交互所造成的副作用是不可避免的，但至少可以通过将其从主逻辑中分离出来的方式使它们更易于管理。要做到这一点，需要引入一种常见的函数式编程技巧——**柯里化**。使用柯里化，可以允许部分地传递函数参数，以便将函数的参数减少为一个。就像在清单 1.4 中显示的那样，可以使用 curry 减少 find 和 append 的参数，使其成为可以与 run 组合的一元函数。

清单 1.4　showStudent 程序的分解

```
var find = curry(function (db, id) {
    var obj = db.get(id);
    if(obj === null) {
        throw new Error('Object not found!');
    }
    return obj;
});

var csv = (student) {
    return `${student.ssn}, ${student.firstname}, ${student.lastname}`;
};

var append = curry(function (elementId, info) {
    document.querySelector(elementId).innerHTML = info;
});
```

函数 find 需要对象存储的引用和 ID 来查找学生

将学生对象转换成用逗号分隔的字符串

为了在屏幕上显示学生信息，这里需要 elementId 以及学生的数据

读者并不需要现在就理解如何柯里化，但要看到很重要的一点，那就是通过减少这些函数的长度，可以将 showStudent 编写为这些小函数的组合：

```
var showStudent = run(
    append('#student-info'),
    csv,
    find(db));
showStudent('444-44-4444');
```

部分设置 HTML 元素的 ID

部分设置查找对象为学生表

尽管这个程序只有些许的改进，但是它开始展现出许多的优势。

■　它灵活了很多，因为现在有三个可以被重用的组件。

■　这种细粒度函数的重用是提高工作效率的一种手段，因为你可以大大减少需要主动维护的代码量。

■　声明式的代码风格提供了程序需要执行的那些高阶步骤的一个清晰视图，增强了代码的可读性。

■　更重要的是，与 HTML 对象的交互被移动到一个单独的函数中，将纯函数从不纯的行为中分离出来。柯里化以及如何管理纯与不纯的代码将在第 4 章进一步解释。

　　这个程序仍然有一些枝节问题需要解决，但减少副作用能够在修改各种外部条件时使程序不那么脆弱。如果仔细看一下 find 函数，就会发现它有一个可以产生异常的检查 null 值的分支。由于许多我们会在后续了解的原因，能够确保一个函数有相同的返回值是一个优点，它使得函数的结果是一致的和可预测的。这是纯函数的一个特质，称为引用透明。

1.2.3　引用透明和可置换性

　　引用透明是定义一个纯函数较为正确的方式。**纯度**在这个意义上表明一个函数的参数和返回值之间映射的纯的关系。因此，如果一个函数对于相同的输入始终产生相同的结果，那么就说它是**引用透明**的。例如，之前看到的那个有状态的函数 increment 不是引用透明的，因为其返回值严重依赖外部变量 counter。再看一下这段代码：

```
var counter = 0;

function increment() {
    return ++counter;
}
```

　　为了使其引用透明，需要删除其依赖的外部变量这一状态，使其成为函数签名中显式定义的参数。可以将其转换为 ES6 lambda 的形式：

```
var increment = counter => counter + 1;
```

　　现在这个函数是稳定的，对于相同的输入每次都返回相同的输出结果。否则，该函数的返回值总会受到一些外部因素的影响。

　　我们之所以追求这种函数的这种特质，是因为它不仅能使代码更易于测试，还可以让我们更容易**推理整个程序**。引用透明（又称为**等式正确性**）来自数学概念，但编程语言中的函数的行为和数学中的函数不同，所以引用透明必须由我们来实现。通过再次使用神奇的 run 函数，图 1.2 展示了 increment 函数的命令式与函数式版本的对比。

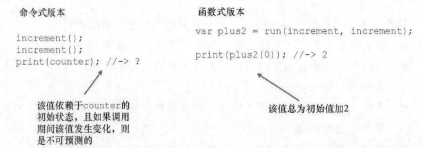

图 1.2　increment 函数的命令式与函数式版本的比较。命令式版本的结果是不可预测的，并且可能是不一致的。外部变量 counter 随时会改变，这影响了函数连续调用的结果。而引用透明的函数式版本中，函数总是等式正确的，因此不可能出现任何错误

构建这样的程序更容易推理，因为可以在心中形成一个状态系统的模型，并通过**重写**或**替换**来达到期望的输出。具体来讲，假设任何程序可以被定义为一组的函数，对于一个给定的输入，会产生一个输出，则可表示为：

```
Program = [Input] + [func1, func2, func3, ...] -> Output
```

如果函数 [func1, func2, func3, ...] 都是纯的，则可以轻易地将由其产生的值来重写这个程序——[val1, val2, val3, ...] ——而不改变结果。考虑计算学生的平均成绩这样一个简单的例子：

```
var input = [80, 90, 100];
var average = (arr) => divide(total(arr), size(arr));
average (input); //-> 90
```

由于函数 sum 和 size 都是引用透明的，对于如下的给定输入，可以很容易地重写这个表达式。

```
var average = divide(270, 3); //-> 90
```

由于 divide 总是纯的，因此可以利用其数学符号进一步改写，所以对于当前输入，平均值永远是 270/3=90。引用透明使得开发者可以用这种系统的甚至是数理的方法来推导程序。整个程序可如下实现：

```
var sum = (total, current) => total + current;
var total = arr => arr.reduce(sum);
var size = arr => arr.length;
var divide = (a, b) => a / b;
var average = arr => divide(total(arr), size(arr));
average(input); //-> 90
```

又一新函数：reduce。跟 map 一样，reduce 遍历整个集合。通过 sum 函数，可以将叠加集合中的数

在第 4 章中，我们会用新的方式组合 average 函数

尽管本书并不打算对每个程序进行这种等价推导，但应该知道这种形式隐式地存在于任何纯函数的程序，但对于有副作用的函数来说，这却是不可能的。在第 6 章中，我们会在函数式单元测试的上下文中重识其重要性。虽然可以通过定义函数形参的方式来避免在大多数情况下的副作用，但是在用引用来传递对象时，一定要谨慎，不要在不经意间改变它们。

1.2.4 存储不可变数据

不可变数据是指那些被创建后不能更改的数据。与许多其他语言一样，JavaScript 中的所有基本类型（String、Number 等）从本质上是不可变的。但是其他对象，例如数组，都是可变的——即使它们作为输入传递给另一个函数，仍然可以通过改变原有内容的方式产生副作用。考虑一个简单的数组排序代码：

```
var sortDesc = function (arr) {
  return arr.sort(function (a, b) {
    return b - a;
  });
}
```

乍一眼看去，这段代码看起来完全正常，并没有副作用。它确实如所期望的那样——
给一个数组，返回以降序排序的相同数组：

```
var arr = [1,2,3,4,5,6,7,8,9];
sortDesc(arr); //-> [9,8,7,6,5,4,3,2,1]
```

不幸的是，array.sort 函数是有状态的，会导致在排序过程中产生副作用，因
为原始的引用被修改了。这是语言的一个缺陷，我们将在后续的章节中克服它。

现在，读者已经了解了函数式编程的一些基本原则（如声明式的、纯的和不可变
的），就可以更简洁地描述它：**函数式编程是指为创建不可变的程序，通过消除外部可
见的副作用，来对纯函数的声明式的求值过程**。——还是比较拗口。之前只是通过编
写函数式应用来获取一些显式的实践优势，但现在读者应该开始明白用函数式思考的
意义了。

大多数 JavaScript 开发人员面临的问题都是由大量使用严重依赖外部共享变量的、
存在太多分支的以及没有清晰的结构大函数所造成的。然而，这正是许多 JavaScript 应
用今天的处境——即便是一些由很多文件组成并执行得很成功的应用，也会形成一种共
享的可变全局数据网，难以跟踪和调试。

强迫自己去思考纯的操作，将函数看作永不会修改数据的闭合**功能单元**，必然可以
减少这种潜在 bug 的可能性。理解这些核心的原则非常重要，它可以让代码发挥出函数
式的诸多优势，从而引导你走向克服复杂性的函数式编程之路。

1.3 函数式编程的优点

为了从函数式编程中受益，你必须学会函数式的思考并掌握合适的工具。在本节中，
为了增强**函数式编程的意识**，也就是将问题看作许多简单函数组合来提供完整解决方案
的直觉，笔者将介绍一些工具箱中不可或缺的核心技术，还会简单地介绍一下本书的一
些后续章节。如果某个概念现在很难把握，请不用担心，它将会在你阅读后续章节的过
程中变得更加清晰明了。

现在来宏观地了解一下函数式能为 JavaScript 应用程序带来的好处。

- 促使将任务分解成简单的函数。
- 使用流式的调用链来处理数据。
- 通过响应式范式降低事件驱动代码的复杂性。

1.3.1 鼓励复杂任务的分解

从宏观上讲，函数式编程实际上是分解（将程序拆分为小片段）和组合（将小片段连接到一起）之间的相互作用。正是这种二元性，使得函数式程序如此模块化和高效。正如上文提到的，这里的模块化单元（或称为**功能单元**），就是函数本身。函数式思维的学习通常始于将特定任务分解为逻辑子任务（函数）的过程，图 1.3 所示的是对 showStudent 的分解。

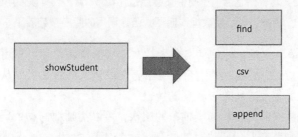

图 1.3 将 showStudent 分解为小片段的过程。这些子任务是相互独立并易于
理解的，这样在组合时，可以有助于解决最终的问题

如果需要，这些子任务可以进一步分解，直到成为一个个简单的、相互独立的纯函数功能单元。请记住，这是笔者在重构清单 1.4 中 showStudent 时采用的思维方式。函数式编程的模块化的概念与**单一职责**原则息息相关，也就是说，函数都应该拥有单一的目的——之前例子中的 average 函数正体现了这一原则。纯度和引用透明会促使你这样思考问题，因为为了将函数组合在一起，它们必须在输入和输出的形式上形成一致。通过引用透明的概念能够看出，函数的复杂性往往与其接收的参数数量相关（这更多是来自实际观察的结果，函数的参数越少就越简单并不是绝对的）。

笔者一直在使用 run 函数来组合各种函数，从而实现整个程序。现在是时候揭秘这个黑魔法了。在现实中，run 函数是一个极为重要的技术的别名：**组合**。两个函数的组合是一个新的函数，它拿到一个函数的输出，并将其传递到另一个函数中。假设有两个函数 f 和 g，形式上，其组合可以如下描述：

```
f · g = f(g(x))
```

这个公式读作"f 组合上 g"，它在 g 的返回值与 f 的参数之间构建了一个松耦合的且类型安全的联系。两个函数能够组合的条件是，它们必须在参数数目及参数类型上形成一致（见第 3 章）。现在用 compose 构建组合函数 showStudent，其结构如图 1.4 所示。

```
var showStudent = compose(append('#student-info'), csv, find(db));

showStudent('444-44-4444');
```

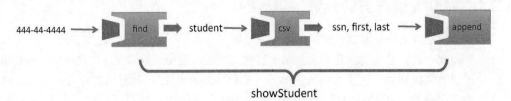

图 1.4　两个函数组合后的数据流。函数 find 的返回值必须与函数 csv 的参数在类型和
数量上相兼容，而之后的返回值又必须是 append 函数可以使用的信息。
注意：为了使数据流明晰，函数调用的顺序被翻转了

　　了解 compose 是学习如何实现函数式应用的模块化和可重用性的关键——笔者会在第 4 章详细讨论。函数式的组合表明了整个表达式的意义可以从其各个部分分别去理解，这是其他编程范式所难以实现的特性。

　　此外，函数式的组合提高了抽象的层次，可以清晰地勾勒代码的所有步骤，但又不暴露任何底层细节在此代码执行的所有步骤。由于 compose 接收其他函数为参数，这被称为**高阶函数**。但组合并不是构建流式的、模块化的代码的唯一方式。在本书中，读者还将学习如何通过连接各种操作来构建链式的运行序列。

1.3.2　使用流式链来处理数据

　　除了 map，开发者可以通过导入一些功能强大的、最优化的函数式类库来获得更多的高阶函数。在第 3 章和第 4 章中，我们将介绍很多实现于像 Lodash.js 和 Ramda.js 这种流行的 JavaScript 工具包中的高阶函数。尽管它们在某些方面有所重叠，但每一个都带来了独特的、可简化函数链式装配的功能。

　　如果读者以前写过一些 jQuery 代码，那么可能熟悉一个词语——**链**。链指的是一连串函数的调用，它们共享一个通用的对象返回值（如 $ 或 jQuery 对象）。就像组合一样，链有助于写出简明扼要的代码，而且它通常多用于函数式和响应式的 JavaScript 类库（后面会见到更多）。为了说明这一点，下面来解决一个不同的问题。假设需要用程序计算那些选了多门课程的学生的平均成绩。已知选课数据的数组：

```
let enrollment = [
  {enrolled: 2, grade: 100},
  {enrolled: 2, grade: 80},
  {enrolled: 1, grade: 89}
];
```

　　命令式的实现可能是这样的：

```
var totalGrades = 0;
var totalStudentsFound = 0;
```

```
for(let i = 0; i < enrollment.length; i++) {
    let student = enrollment [i];
    if(student !== null) {
        if(student.enrolled > 1) {
            totalGrades+= student.grade;
            totalStudentsFound++;
        }
    }
}
var average = totalGrades / totalStudentsFound; //-> 90
```

与之前一样，用函数式的思维来分解这个问题，可以发现有三个主要步骤。

- 选择合适的（选课数量大于 1 的）学生。
- 获取他们的成绩。
- 计算出他们的平均成绩。

这样就可以用 Lodash 缝合表征这些步骤的函数，形成一个清单 1.5 所示的函数链（如果想知道其中每一个函数的详细说明，可以查看附录中的相应文档）。函数链是一种**惰性计算**程序，这意味着当需要时才会执行。这对程序性能是有利的，因为可以避免执行可能包含一些永不会使用的内容的整个代码序列，节省宝贵的 CPU 计算周期。这有效地模拟了其他函数式语言的**按需调用**的行为。

清单 1.5 使用函数链编程

```
_.chain(enrollment)
.filter(student => student.enrolled > 1)
.pluck('grade')
.average()
.value(); //-> 90
```
调用 _.value() 会触发整个链上的所有操作

目前不要太在意这段代码中发生的一切。当下，请与其命令式的版本进行比较，并注意如何消除变量的声明和变化，以及循环和 if-else 语句。正如你将在第 7 章所学的，诸如循环和逻辑分支这样的很多命令式控制流机制，会提高函数的复杂程度，因为它们会根据某些条件不同而执行不同的路径，非常难以测试。

公平地说，这个例子略过了一些真实世界程序中典型的错误处理代码。而上文提到抛出异常是产生副作用的一个原因。异常尽管不会存在于理论上的函数式编程之中，但在现实生活中，你将无法避免它们。其实，纯粹的错误处理和异常处理是有区别的。本书的目标是尽可能多地使用纯粹的错误处理，并在像之前描述的那些真正需要异常的情况下抛出异常。

幸运的是，利用一些纯函数式的设计模式，你将不需要通过牺牲函数链的描述性来为代码提供强大的错误处理逻辑。我们将在第 5 章讨论这个话题。

到目前为止，读者已经看到了如何使用函数式编程来帮助创建模块化的、可测试的以及可扩展的应用程序了。但如何利用函数式编程与来自用户输入、远程 Web 请求、文件系统或持久化存储的基于异步或事件驱动的数据进行交互呢？

1.3.3　复杂异步应用中的响应

如果读者还记得最近一次请求远程数据、处理用户输入或与本地存储交互的情况，也许能够想起是如何将整个业务逻辑放入回调函数的嵌套序列之中的。这种回调模式打破了线性的代码流，使代码变得难以阅读，因为它的成功处理和错误处理的逻辑混杂在一起。而这一切将得以改变。

正如之前所说，学习函数式编程，尤其是对于如今的 JavaScript 开发人员是极其重要的。当构建大型应用程序时，大家关注的焦点从像 Backbone.js 这样的面向对象框架逐渐转移到像采用响应式编程范式这样的框架上。像 Angular.js 这样的 Web 框架今天仍然广为使用；但像 RxJS 这样的新成员，也在通过函数式编程赋予的力量解决着很多极具挑战的任务。

响应式编程可能是函数式编程最令人兴奋和感到有趣的应用之一。JavaScript 开发人员每天都需要处理那些在服务端或客户端中的异步和事件驱动的代码，而你可以使用响应式编程来大幅降低这些代码的复杂性。

采用响应式范式的主要好处是，它能够提高代码的抽象级别，使你忘记与异步和事件驱动程序创建的相关样板代码，从而更专注于具体的业务逻辑。此外，这种新兴范式能够充分利用函数式编程中函数链和组合的优势。

事件有很多种：鼠标点击、文本变化、焦点变化、新 HTTP 请求的处理、数据库查询以及文件写入，等等。假设需要读取并验证学生的社会保险号（SSN），那么典型的命令式代码可能是清单 1.6 所示的这样：

清单 1.6　读取并验证学生的 SSN 的命令式程序

```
var valid = false;
var elem = document.querySelector('#student-ssn');
elem.onkeyup = function(event) {
  var val = elem.value;
  if(val !== null && val.length !== 0) {
    val = val.replace(/^\s*|\s*$|\-s/g, '');
    if(val.length === 9) {
      console.log(`Valid SSN: ${val}!`);
      valid = true;
    }
  }
  else {
    console.log(`Invalid SSN: ${val}!`);
  }
};
```

访问函数作用域外的数据会产生副作用

裁剪并清理输入，直接改变数据

嵌套的分支逻辑

对于这样一个简单的任务，从一开始就变得复杂，并且代码缺乏一种将所有业务逻辑模块化的能力。此外，由于依赖于外部状态，该函数无法被重用。由于基于函数式编程，响应式编程也是使用像 map、reduce 以及简洁的 lambda 表达式这样的纯函数来处理数据的。所以学习响应式编程的第一部分就是学习函数式编程！这种编程范式使用了一个叫作 **observable** 的概念。observable 能够订阅一个数据流，让开发者可以通过使用组合和链式操作来优雅地处理数据。下面来看它的实际应用——订阅一个学生的 SSN 字段的简单输入，如清单 1.7 所示。

清单 1.7　读取并验证学生 SSN 的函数式程序

```
Rx.Observable.fromEvent(document.querySelector('#student-ssn'), 'keyup')
  .map(input => input.srcElement.value)
  .filter(ssn => ssn !== null && ssn.length !== 0)
  .map(ssn => ssn.replace(/^\s*|\s*$|\-/g, ''))
  .skipWhile(ssn => ssn.length !== 9)
  .subscribe(
    validSsn => console.log(`Valid SSN ${validSsn}`)
  );
```

能看出清单 1.7 和采用链式编程的清单 1.5 的相似性吗？这说明，无论是处理集合元素序列或是用户输入序列，一切都被抽象了出来，这使得可以使用相同的方式去处理（本书第 8 章将会详细介绍）。

其中一个最重要的知识点是，所有清单 1.7 中的操作都是完全不可变的，并且所有的业务逻辑被分隔成单独的函数。并不是**必须**要响应式地使用函数，但函数式的思维会**迫使**开发者这样做。一旦这样做了，将解开一个基于**函数式响应式编程**（FRP）的非常了不起的架构。

函数式编程是一种编程范式的转变，可以改变开发者对任何编程挑战的解决方式。那么，能说函数式编程是更为流行的面向对象设计的替代品么？幸运的是，就如本章开始 Michael Feathers 所说的，函数式编程对代码来说不是一个全有或全无的方案。事实上，很多采用面向对象架构的应用依然可以受益于函数式编程。由于对不可变性及状态共享的严格把控，函数式编程可以使得多线程编程更加简单。但由于 JavaScript 是单线程运行的，本书不会涵盖多线程编程。下一章会重点介绍一些函数式和面向对象设计的主要区别，帮助读者更容易地适应函数式的思维方式。

本章简要介绍了将在整本书中细致讨论的各个主题，让读者从思维方式上深入了解函数式的意境。不必担心遗漏一些东西，只要能够理解上述的所有概念，那么就很不错，这说明你选择了一本正确的书。在传统的面向对象编程中，读者习惯于采用命令式/过程式的编程风格。要改变这一点，思维过程需要有巨大的转变，要开始使用函数式的方式去解决问题。

1.4　总结

- 使用纯函数的代码绝不会更改或破坏全局状态，有助于提高代码的可测试性和可维护性。

■ 函数式编程采用声明式的风格，易于推理。这提高了应用程序的整体可读性，通过使用组合和 lambda 表达式使代码更加精简。

■ 集合中的数据元素处理可以通过链接如 map 和 reduce 这样的函数来实现。

■ 函数式编程将函数视为积木，通过一等高阶函数来提高代码的模块化和可重用性。

■ 可以利用响应式编程组合各个函数来降低事件驱动程序的复杂性。

第 2 章　高阶 JavaScript

本章内容
- 为什么说 JavaScript 是适合函数式的编程语言
- JavaScript 语言的多范型开发
- 不可变性和变化的对策
- 理解高阶函数和一等函数
- 闭包和作用域的概念探讨
- 闭包的实际使用

> 自然语言是没有主导范式的，JavaScript 也同样没有。开发者可以从过程式、
> 函数式和面向对象的"大杂烩"中选择自己需要的，再适时地把它们融为一体。
>
> —— Angus Croll，《If Hemingway Wrote JavaScript》

当应用程序变得越来越庞大，其复杂性也随之增加。无论你觉得自己有多么了不起，如果没有一个适合的编程模型，也少不了麻烦。第 1 章解释了为什么函数式编程是一个值得采用的编程范式。但范式本身也仅仅是编程模型，需要借助合适的宿主语言才能在现实中应用。

本章将带领读者快速领略 JavaScript 这门集面向对象和函数式为一体的混合语言。当然，这决不是广泛地学习语言本身。相反，笔者将把重点放在 JavaScript 的函数式特性及其不足。其中一个例子就是缺乏对不可变性的支持。此外，本章还涵盖高阶函数和闭包，它们是编写函数式风格 JavaScript 的支柱。

2.1　为什么要使用 JavaScript?

首先回答"为什么使用函数式?"这个问题。而这与另一个问题息息相关,"为什么要使用 JavaScript?",其答案也很简单:它无所不在。JavaScript 是一种动态类型、面向对象且极具语法表现力的一门通用语言。它是有史以来应用最为广泛的程序语言之一,在移动应用、网站、网络服务器、桌面应用、嵌入式应用甚至是数据库的开发中都能够看到。作为 Web 语言,鉴于其应用之广泛,JavaScript 成为有史以来使用最为广泛的函数式编程语言也就理所当然了。

尽管 JavaScript 拥有类似 C 语言的语法,其设计灵感有很多则来自像 Lisp 和 Scheme 这样的函数式语言。作为这些语言的共同点,对高阶函数、闭包、数组字面量以及其他特性的支持,使得 JavaScript 成为一个应用函数式技术的理想平台。事实上,函数是 JavaScript 中主要的**工作单元**,这意味着它们不仅用于驱动应用程序的行为,也用于定义对象、创建模块以及处理事件。

JavaScript 是一门积极演变与改进的语言。在 ECMAScript(ES)的标准支持下,它的下一个主要版本 ES6 增加了更多的语言特性:箭头函数、常量、迭代器、Promise以及其他能够很好地配合函数式编程的特性。

尽管 JavaScript 有许多强大的函数式特征,但更重要的是了解到它既是面向对象的,也是函数式的。然而,后者鲜有人知。大多数开发人员都在使用可变的操作、命令式的控制结构以及对实例对象状态的改变,而这些都是在函数式风格的代码中需要尽可能避免的行为。不过,我还是觉得应该花一些时间先谈谈作为一种面向对象语言的 JavaScript,从而更好地区分两种范式之间的关键差异。这将让你更轻松地跃入函数式编程。

2.2　函数式与面向对象的程序设计

无论是函数式还是面向对象编程(OOP)都可以用来开发中到大型的软件系统。诸如 Scala 和 F#这样的混合语言能够将两种范式融入一种语言。JavaScript 也具有类似的能力,因此要精通它需要学习如何将二者结合在一起,也要学会根据个人喜好和待解决问题的需求在二者之间寻求平衡。了解函数式和面向对象方案的共性及差异可以帮助你从一种范式过渡到另一种范式,或用任意一种范式来思考。

考虑一个简单的涉及 Student 对象的学习管理系统模型。从类或类型层次的角度来看,我们能够很自然地想到 Student 应该作为 Person 的一个子类型,其中包括像姓、名、地址等基本属性。

面向对象的 JavaScript

当说到一个对象与另一个对象之间具有**子类型**或**派生类型**的关系时，指的是它们之间存在的**原型**关系。有必要指出，尽管 JavaScript 是面向对象的，但其并不具备像 Java 这样的语言中**典型**的继承关系。

在 ES6 中，可以通过使用像关键字 class 和 extends 这样的语法糖来建立对象之间的原型链接（尽管很多情况下这样做是不对的）。这样的特性使得定义对象之间的继承更加简单，但却隐藏了 JavaScript 强大的原型机制的真实行为。本书将不过多介绍 JavaScript 的面向对象编程（本章的最后将推荐一本深入讨论该话题的书）。

如果进一步将 Student 派生为更具体的类型，例如 CollegeStudent，就可以再添加一些额外的功能。面向对象的核心，就是将创建派生对象作为程序中代码重用的主要手段。因此，CollegeStudent 将会重用从其父类继承而来的所有数据与行为。但这使得在原对象中添加更多功能变得很棘手，因为它的后代们并不一定会适用于这些新功能。虽然 firstname 和 lastname 适用于 Person 及其所有的子类型，但可以说让 workAddress 作为（从 Person 派生的）Employee 对象的一部分比起 Student 对象要更合理一些。之所以举这样的例子，是为了解释在数据（对象属性）与行为（函数）的组织上，面向对象和函数式的主要差别。

面向对象的应用程序大多是命令式的，因此在很大程度上依赖于使用基于对象的封装来保护其自身和继承的可变状态的完整性，再通过实例方法来暴露或修改这些状态。其结果是，对象的数据与其具体的行为以一种内聚的包裹的形式紧耦合在一起。而这就是面向对象程序的目的，也正解释了为什么对象是抽象的核心。

再看函数式编程，它不需要对调用者隐藏数据，通常使用一些更小且非常简单的数据类型。由于一切都是不可变的，对象都是可以直接拿来使用的，而且是通过定义在对象作用域外的函数来实现的。换句话说，数据与行为是松耦合的。正如在图 2.1 中看到的，函数式代码使用的是可以横切或工作于多种数据类型之上的更加粗粒度的操作，而不是一些细粒度的实例方法。在这种范式中，**函数成为抽象的主要形式**。

如图 2.1 所示，两种范式的差别随着横竖坐标的增长逐渐显现。在实践中，一些极好的面向对象代码均使用了两种编程范式——正是在这个相交的平衡点上。要做到这一点，你需要把对象视为不可变的实体或值，并将它们的功能拆分成可应用在该对象上的函数。因此，如下的一个 Person 中的方法

```
get fullname() {
  return [this._firstname, this._lastname].join(' ');
}
```

比如在方法中，会推荐使用 this 来访问对象的状态

可以拆分出如下的函数：

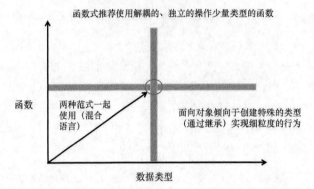

函数式推荐使用解耦的、独立的操作少量类型的函数

函数

两种范式一起使用（混合语言）

面向对象倾向于创建特殊的类型（通过继承）实现细粒度的行为

数据类型

图 2.1 面向对象的程序设计通过特定的行为将很多数据类型逻辑地连接在一起，函数式编程则关注如何在这些数据类型之上通过组合来连接各种操作。因此存在一个两种编程范式都可以被有效利用的平衡点。使用如 Scala、F#和 JavaScript 这样的混合语言就可以这么做

```
var fullname =
  person => [person.firstname, person.lastname].join(' ');
```

函数中 this 可以替换为传入的参数对象

众所周知，JavaScript 是一种动态类型语言（也就是无须在对象引用时显示指定类型），因此 fullname() 可以适用于任何派生自 Person 的对象（其实是任何拥有 firstname 和 lastname 属性的对象），如图 2.2 所示。

```
var person = new Student('Alonzo', 'Church', '444-44-4444', 'Princeton');
p.fullname; //-> Alonzo Church
```

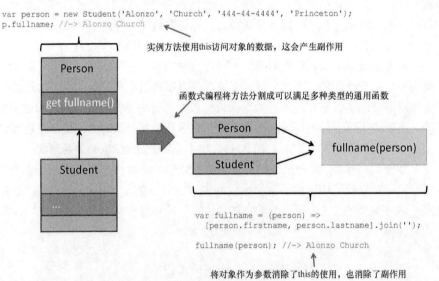

实例方法使用this访问对象的数据，这会产生副作用

Person

get fullname()

Student

...

函数式编程将方法分割成可以满足多种类型的通用函数

Person

Student

fullname(person)

```
var fullname = (person) =>
  [person.firstname, person.lastname].join('');

fullname(person); //-> Alonzo Church
```

将对象作为参数消除了this的使用，也消除了副作用

图 2.2 面向对象的关键是创建继承层次结构（如继承 Person 的 Student 对象）并将方法与数据紧密的绑定在一起。函数式编程则更倾向于通过广义的多态函数交叉应用于不同的数据类型，同时避免使用 this

鉴于 JavaScript 的动态特性，其支持使用广义的多态函数。换句话说，使用基类引用的函数(如 Person)也能应用在派生类型的对象上(如 Student 或 CollegeStudent)。

从图 2.2 中可以看出，将 fullname() 分离至独立的函数，可以避免使用 this 引用来访问对象数据。使用 this 的缺点是它给予了超出方法作用域的实例层级的数据访问能力，从而可能导致副作用。使用函数式编程，对象数据不再与代码的特定部分紧密耦合，从而更具重用性和可维护性。

可以通过将其他函数作为参数的形式（而不是通过创建一堆的派生类型）来扩展当前函数的行为。为了说明这一点，我们在下面定义一个简单的数据模型，其中包含由 Person 类派生而来的类 Student。本书的大部分例子都采用了这个模型，如清单 2.1 所示。

清单 2.1　Person 类与 Student 类的定义

```javascript
class Person {
  constructor(firstname, lastname, ssn) {
    this._firstname = firstname;
    this._lastname = lastname;
    this._ssn = ssn;
    this._address = null;
    this._birthYear = null;
  }

  get ssn() {
    return this._ssn;
  }

  get firstname() {
    return this._firstname;
  }

  get lastname() {
    return this._lastname;
  }

  get address() {
    return this._address;
  }

  get birthYear() {
    return this._birthYear;
  }

  set birthYear(year) {
    this._birthYear = year;
  }

  set address(addr){
    this._address = addr;
  }

  toString() {
    return `Person(${this._firstname}, ${this._lastname})`;
  }
}
```

使用 setter 方法并不代表要改变对象，而只是创建含有不同属性的对象，而且无需长参数构造函数的方式。在创建并设置好对象后，它们的状态将不会改变（本章之后的部分会解释处理方式）

```
class Student extends Person {
    constructor(firstname, lastname, ssn, school) {
        super(firstname, lastname, ssn);
        this._school = school;
    }

    get school() {
        return this._school;
    }
}
```

寻找并运行代码示例

本书的代码示例可以在 www.manning.com/books/functional-programming-in-javascript 和 https://github.com/luijar/functional-programming-js 找到。你可以随时找出这些项目代码，并开始练习函数式编程。我建议你先运行一下单元测试，然后再使用不同的程序实现去通过它。在写这本书的时候，并非所有的 JavaScript ES6 特性都已在各个浏览器中实现，因此我用 Babel（以前叫 6to5）转译器将 ES6 的代码转换成等效的 ES5 代码。

还有一些特性并不需要转换，只需开启如 Chrome 的"启用实验性 JavaScript"这样的浏览器设置就可以了。如果你正运行在试验模式，非常重要的一点是，要启用严格模式，请将 **'use strict'**；这段声明代码放在 JavaScript 文件的开头。

目前的一个任务是找到与给定的学生生活在同一国家的所有朋友。另一个任务则是找到与给定的学生生活在同一个国家且在同一所学校上学的所有学生。以下面面向对象的解决方案中，使用 this 和 super 将各种操作与当前对象以及父对象紧紧地耦合在一起：

```
// Person class
peopleInSameCountry(friends) {
    var result = [];
    for (let idx in friends) {
        var friend = friends [idx];
        if (this.address.country === friend.address.country) {
            result.push(friend);
        }
    }
    return result;
};

 // Student class
studentsInSameCountryAndSchool(friends) {
    var closeFriends = super.peopleInSameCountry(friends);    ◁── 使用 super 调用
    var result = [];                                               父类的数据
    for (let idx in closeFriends) {
        var friend = closeFriends[idx];
        if (friend.school === this.school) {
            result.push(friend);
        }
    }
    return result;
};
```

　　然而，由于函数式编程是纯的且引用透明，通过从状态中分离行为的方式，我们可以使用定义和组合新函数的办法来增加更多可以用于目标类型的操作。而这样，最终只会有一些负责存储数据的简单对象，以及数个以这些对象为参数且可组合实现特定功能的通用函数。尽管目前我们还没有介绍函数式的组合（见第 4 章），但了解编程范式之间的这些基本区别是非常重要的。从本质上讲，面向对象的继承和函数式中的组合都是为了将新的行为应用于不同的数据类型当中[1]。若要运行此代码，则需要使用以下数据集：

```
var curry = new Student('Haskell', 'Curry',
    '111-11-1111', 'Penn State');
curry.address = new Address('US');

var turing = new Student('Alan', 'Turing',
    '222-22-2222', 'Princeton');
turing.address = new Address('England');

var church = new Student('Alonzo', 'Church',
    '333-33-3333', 'Princeton');
church.address = new Address('US');

var kleene = new Student('Stephen', 'Kleene',
    '444-44-4444', 'Princeton');
kleene.address = new Address('US');
```

　　面向对象方法使用 Strudent 上的成员方法来找出同一所学校的所有其他学生：

```
church.studentsInSameCountryAndSchool([curry, turing, kleene]);
//-> [kleene]
```

　　函数式的解决方案则将问题分解为很多小的函数：

创建 selector 函数，用来比较学生的国籍与学校

```
function selector(country, school) {
    return function(student) {
        return student.address.country() === country &&
            student.school() === school;
    };
}

var findStudentsBy = function(friends, selector) {
    return friends.filter(selector);
};

findStudentsBy([curry, turing, church, kleene],
  selector('US', 'Princeton'));

//-> [church, kleene]
```

访问对象。我会在本章后面的部分展示访问对象的更好方式

使用 filter 用 selector 过滤数组

---

[1] 该引用更适用于面向对象的实践者而不是语言范式本身。包括 Gang of Four 在内的许多该领域的专家，都更倾向于使用对象组合而不是基于里氏替换原则的类型继承。

通过应用函数式思想，我们创建了一个更易于应用的全新函数 find-StudentsBy。请注意，这个新的函数对任何由 Person 衍生的对象有效，同时支持任意学校和国家的组合查询。

这一点清楚地表明了两种模式之间的差异。面向对象的设计着重于数据及数据之间的关系，函数式编程则关注于操作如何执行，即行为。表 2.1 汇总了其他值得关注的主要区别，这些点将在本章和后续章节深入讨论。

表 2.1　面向对象和函数式编程一些重要性质的比较。这些性质是贯穿本书的主题

	函数式	面向对象
组合单元	函数	对象（类）
编程风格	声明式	命令式
数据和行为	独立且松耦合的纯函数	与方法紧耦合的类
状态管理	将对象视为不可变的值	主张通过实例方法改变对象
程序流控制	函数与递归	循环与条件
线程安全	可并发编程	难以实现
封装性	因为一切都是不可变的，所以没有必要	需要保护数据的完整性

尽管它们之间存在差异，但有效构建应用程序的方法是混合两种范式。一方面，可以使用与组成类型之间存在自然关系的富领域模型；另一方面，可以拥有一组能够应用于这些类型之上的纯函数。其中界限的确定取决于代码编写者是否对任一编程范式应用自如。由于 JavaScript 既是面向对象的，又是函数式的，因此在编写函数式代码时，需要特别注意控制状态的变化。

2.2.1　管理 JavaScript 对象的状态

程序的状态可以定义为在任一时刻存储在所有对象之中的数据快照。可惜的是，JavaScript 是在对象状态安全方面做得最差的语言之一。JavaScript 的对象是高度动态的，其属性可以在任何时间被修改、增加或删除。在清单 2.1 中，如果期望 _address（下划线的使用是纯句法的）被封装于 Person 之内，那么就大错特错了。在类型作用域之外，开发者拥有对该属性的完全访问权限来执行任何想做的操作，甚至是将其删除。

自由的代价是重大的责任。尽管这会让你自由地去做一些如动态创建属性这样的灵活的事情，但在中大型项目中，这也会使得代码极难维护。

第 1 章提到，使用纯函数会使代码更易于维护和推理。那么是否存在"纯对象"这种事物呢？可以认为一个包含不可变功能的不可变对象是纯的。相应地，可应用于函数的推理过程也可以应用于简单对象。在寻求函数式地使用 JavaScript 语言的过程中，状态管理至关重要。尽管后续章节探讨了一些可以用来管理不可变性的实践与模式，但完整的数据封装和保护将在实践道路上占很大比重。

2.2.2 将对象视为数值

字符串和数字可能是任何编程语言中最简单的数据类型了。那为什么会这样认为呢？部分原因在于，在传统意义上，这些原始类型本身就是不可变的，而这给我们的内心带来了其他自定义类型所无法给予的平和。在函数式编程中，我们将具有此种行为的类型称为**数值**。在第 1 章中，我们学到，要做到不可变的思考，就需要将任何对象视为数值。而这样做可以让函数将对象传来传去，而不用担心它们被篡改。

虽然 ES6 在类上添加了很多语法糖，但 JavaScript 的对象也只是可在任意时间添加、删除和更改的属性包而已。那么，能做些什么来解决这个问题呢？许多编程语言支持让对象属性不可变的语法结构。其中一个例子就是 Java 的 `final` 关键字。同时，像 F# 这样的语言，除非特别声明，否则其变量默认就是不可变的。但是到目前为止，JavaScript 中还没有如此炫酷的语言特性。尽管 JavaScript 的原始类型是不能改变的，但引用原始类型的变量状态是可以被更改的。因此，提供或者至少模拟对数据的不可变引用，才能使得自定义对象具有近似不可变的行为。

ES6 使用 `const` 关键字来创建常量引用。这确实指对了方向，因为常量是不能被重新赋值或声明的。在实践函数式编程时，如果需要，可以使用 `const` 关键字来声明一些简单的配置数据（URL 字符串、数据库名称等）。尽管读取外部变量会有副作用，但由于语言平台提供了这种具有特殊语义的常量，因此它们不会在函数调用之间被篡改。下面是声明一个常量的例子：

```
const gravity_ms = 9.806;          JavaScript 会在运
                              ◁─┘  行时阻止再赋值
gravity_ms = 20;
```

但仅仅如此并不能达到函数式编程所需的不可变性的支持水平。你可以防止一个变量被重新赋值，但如何防止对象内部状态的改变呢？比如以下代码是完全可以通过的：

```
const student = new Student('Alonzo', 'Church',
    '666-66-6666', 'Princeton');
                              属性已
student.lastname = 'Mourning';  ◁─  经变了
```

这里需要的是一个更加严格的不可变策略，而封装是一个防止篡改的不错策略。对于一些简单的对象结构，一个好的方法是采用**值对象**模式。值对象是指其相等性不依赖于标识或引用，而只基于其值，一旦声明，其状态可能不会再改变。除了数字和字符串，值对象的一些实例还包括 `tuple`、`pair`、`point`、`zipCode`、`coordinate`、`money`、`date` 以及其他类型。以下是一个邮编的实现代码：

```
function zipCode(code, location) {
    let _code = code;
```

```
   let _location = location || '';

   return {
      code: function () {
         return _code;
      },
      location: function () {
         return _location;
      },
      fromString: function (str) {
         let parts = str.split('-');
         return zipCode(parts[0], parts[1]);
      },
      toString: function () {
         return _code + '-' + _location;
      }
   };
}

const princetonZip = zipCode('08544', '3345');
princetonZip.toString(); //-> '08544-3345'
```

　　在 JavaScript 中，可以使用函数来保障 ZIP code 的内部状态访问权限，通过返回一个**对象字面接口**来公开一小部分方法给调用者，这样就可以将_code 和 _location 视为伪私有变量。在后续章节中能够看到，这些变量只能通过**闭包**的方式由对象的字面定义中访问。

　　返回的对象可以表现出像原始类型一样没有可变方法的行为。因此[1]，尽管 toString 方法不是纯函数，但其行为与纯函数无异，就是该对象的纯字符串表示。值对象是一种可简单应用于面向对象和函数式编程的轻量级方式。与关键字 const 组合在一起使用，我们就可以创建具有与字符串或数字类似语义的对象。下面来看一个例子：

```
function coordinate(lat, long) {
   let _lat = lat;
   let _long = long;

   return {
      latitude: function () {
         return _lat;
      },
      longitude: function () {
         return _long;
      },
      translate: function (dx, dy) {          ┌─ 返回翻译过
         return coordinate(_lat + dx, _long + dy);  ◄─┤  的坐标副本
      },
      toString: function () {
         return '(' + _lat + ',' + _long + ')';
      }
   };
}
const greenwich = coordinate(51.4778, 0.0015);
greenwich.toString(); //-> '(51.4778, 0.0015)'
```

---

[1] 尽管该对象的内部状态得到了保护，但其行为仍然可变，因为可以动态地删除或替换它的任何方法。

让方法返回一个新的副本（例如 translate）是另一种实现不可变性的方式。在该对象上应用一次平移操作，将产生一个新的 coordinate 对象：

```
greenwich.translate(10, 10).toString(); //-> '(61.4778, 10.0015)'
```

值对象是一个由函数式编程启发而来的面向对象设计模式。这是语言范式之间如何优雅地相得益彰的另一个例子。这种模式是理想的，但无法解决所有的现实世界问题。在实践中，代码很可能需要处理层次化数据（例如之前的 Person 和 Student），也可能需要和历史遗留对象进行交互。幸运的是，JavaScript 可以使用 Object.freeze 机制来模拟这些问题。

2.2.3 深冻结可变部分

尽管 JavaScript 新的类定义语法中不存在能够将字段标记为不可变量的关键字，但它拥有一种内部机制，可以通过控制一些如 writable 的隐藏对象元属性来实现。JavaScript 的 Object.freeze() 函数可以通过将该属性设置为 false 来阻止对象状态的改变。让我们冻结 Person 对象，如清单 2.1 所示：

```
var person = Object.freeze(new Person('Haskell', 'Curry', '444-44-4444'));
person.firstname = 'Bob';                    ←┐ 不被允许
```

执行第一行代码使得 person 的属性变成只读。任何试图改变其值的操作（如 _firstname 这一行）将导致错误：

```
TypeError: Cannot assign to read only property '_firstname' of #<Person>
```

Object.freeze() 也可以冻结继承而来的属性。因此，也可以用同样的方式冻结 Student 的实例，该机制会根据对象的原型链保护所有由 Person 继承而来的属性。但是，它不能被用于冻结嵌套对象属性，如图 2.3 所示。

Address 类型的定义如下：

```
class Address {
  constructor(country, state, city, zip, street) {
    this._country = country;
    this._state = state;
    this._city = city;
    this._zip = zip;
    this._street = street;
  }

  get street() {
    return this._street;
  }

  get city() {
    return this._city;
  }
```

```
get state() {
    return this._state;
}

get zip() {
    return this._zip;
}

get country() {
    return this._country;
}
}
```

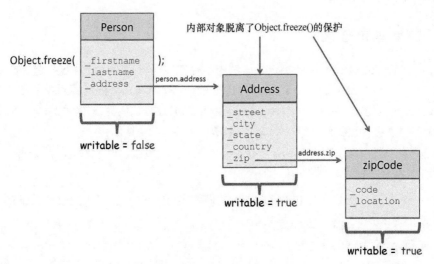

图 2.3　尽管 Person 已被冻结，但其内部对象属性（如_address）并不会被冻结，
因此 person.address.country 可以随时改变。这是由于只有顶层变量
会被冻结，也就是说，该机制是浅冻结

然而，以下代码并不会报错：

```
var person = new Person('Haskell', 'Curry', '444-44-4444');
person.address = new Address(
    'US', 'NJ', 'Princeton',
    zipCode('08544','1234'), 'Alexander St.');

    person = Object.freeze(person);

person.address._country = 'France'; //-> allowed!
person.address.country; //-> 'France'
```

Object.freeze() 是一种浅操作。要解决该问题，需要手动冻结对象的嵌套结构，
如清单 2.2 所示。

清单 2.2 使用递归函数来深冻结对象

遍历所有属性并递归调用 Object.freeze()（使用第 3 章介绍的 map）

```
var isObject = (val) => val && typeof val === 'object';

function deepFreeze(obj) {
if(isObject(obj)
    && !Object.isFrozen(obj)) {

    Object.keys(obj).
        forEach(name => deepFreeze(obj[name]));

    Object.freeze(obj);
}
  return obj;
}
```

跳过所有的函数，即使从技术上说，函数也可以被修改，但是我们更希望注意在数据的属性上

跳过已经冻结过的对象，冻结没有被冻结过的对象

冻结根对象

递归地自调用（第 3 章会介绍递归）

上述的一些技巧可以用来增强代码中的不可变性水平，但要创建一个永不改变任何状态的应用是不现实的。因此，在由原对象创建新对象（如 `coordinate.translate()`）时，使用这些严格的策略能够有效降低 JavaScript 应用的复杂性。接下来，我们将讨论使用一种称为 Lenses 的函数式方法来不可变地集中管理对象的变化。

2.2.4 使用 Lenses 定位并修改对象图

面向对象编程通常是通过调用对象方法来更改对象的内部状态的。这种方式的缺点是无法保证检索状态的输出一致，并可能破坏部分的期望该对象保持不变的系统功能。你也可以选择自行实现**写时复制**策略，在每次方法调用时返回一个新的对象。但至少可以说，这是一个烦琐且容易出错的过程。`Person` 类的简单 setter 方法会是这样的：

```
set lastname(lastname) {
    return new Person(this._firstname, lastname, this._ssn);
};
```

需要将对象中所有的属性状态复制到新的实例（太糟糕了）

现在想象一下，在领域模型中，每个类型的每个属性都要做同样的事。开发者需要一个能以不可变的方式修改拥有状态对象的解决方案，它应该既不唐突，也不需要到处都硬编码同样的样板代码。Lenses 也被称为**函数式引用**，是函数式程序设计中用于访问和不可改变地操纵状态数据类型属性的解决方案。从本质上讲，Lenses 与写时复制策略的工作方式类似，即采用一个能够合理管理和赋值状态的内部存储部件。然而，开发者不需要自行实现，而是可以使用一个称为 Ramda.js 的函数式 JavaScript 库（附录中包含使用该库以及其他库的详细信息）。默认情况下，Ramda 使用全局对象 R 来公开所有的功能。可以使用 `R.lensProp` 来创建一个包装了 `Person` 的 `lastname` 属性的 Lens：

```
var person = new Person('Alonzo', 'Church', '444-44-4444');
var lastnameLens = R.lensProp('lastName');
```

可以使用 R.view 来读取该属性的内容：

```
R.view(lastnameLens, person); //-> 'Church'
```

从实践角度看，它类似于一个 get_lastname() 方法。目前还没有什么令人印象深刻的东西。那么，如何实现 setter 呢？这里就是其神奇魔力的所在。调用 R.set 时，它创建并返回一个全新的对象副本，其中包含一个新的属性值，并保留原始实例状态（免费的写时复制！）：

```
var newPerson = R.set(lastnameLens, 'Mourning', person);
newPerson.lastname; //-> 'Mourning'
person.lastname; //-> 'Church'
```

Lenses 之所以有价值，是因为其提供了一种不那么烦琐的操作对象的机制，即使是一些历史遗留对象或超出控制范围的对象。Lenses 还支持嵌套属性，如 Person 的 address 属性：

```
person.address = new Address(
   'US', 'NJ', 'Princeton', zipCode('08544','1234'),
   'Alexander St.');
```

创建一个包装了 address.zip 属性的 Lens：

```
var zipPath = ['address', 'zip'];
var zipLens = R.lens(R.path(zipPath), R.assocPath(zipPath));   ← 定义 getter 和
R.view(zipLens, person); //-> zipCode('08544', '1234')           setter 行为
```

由于 Lenses 实现了不可变的 setter 方法，因此即便改变内嵌对象，仍然会返回一个新的 Person 对象：

```
var newPerson = R.set(zipLens, person, zipCode('90210', '5678'));

R.view(zipLens, newPerson); //-> zipCode('90210', '5678')
R.view(zipLens, person);    //-> zipCode('08544', '1234')
newPerson !== person; //-> true
```

这是个不错的进展，现在已经有了函数式 getter 和 setter 的语义了。除了提供一种不可变的保护性的包装器之外，Lenses 也与函数式编程的分离对象与字段访问逻辑的哲学思想非常契合，即消除了对 this 的依赖，并提供了很多能够操作对象内容的强大函数。

既然已经知道该如何合理地使用对象了，我将转变方式来谈谈函数这一主题。函数驱动着应用程序的变化部分，它是函数式编程的核心。

2.3　函数

函数是函数式编程的工作单元与中心。**函数**是任何可调用且可通过()操作求值的表

达式。函数会向调用者返回一个经过计算的值或是 `undefined`（无值函数）。函数式程序的工作方式与数学很像，函数只有在返回一个**有价值的结果**（而不是 `null` 或者 `undefined`）时才有意义。反之，它就会更改外部数据并产生副作用。为了达到学习目的，我们需要区分**表达式**（如返回一个值的函数）和**语句**（如不返回值的函数）。命令式编程和过程式程序大多是由一系列有序的语句组成的，而函数式编程完全依赖于表达式，因此无值函数在该范式下并没有意义。

JavaScript 函数有两个支柱性的重要特性：一等的和高阶的。我们接下来会详细探讨这两个特性。

2.3.1　一等函数

在 JavaScript 中，术语是**一等的**，指的在语言层面将函数视为真实的对象。或许读者经常看到如下的函数声明：

```
function multiplier(a,b) {
    return a * b;
}
```

其实，JavaScript 提供了更多的方式。就像对象一样，函数也可以：

■ 作为匿名函数或 lambda 表达式给变量赋值（第 3 章将详细介绍 lambda）。

```
var square = function (x) {          匿名
    return x * x;                    函数
}

var square = x => x * x;         ◁─  lambda
                                     表达式
```

■ 作为成员方法给对象的属性赋值。

```
var obj = {
    method: function (x) { return x * x; }
};
```

由于需要使用()运算符调用函数，如 `square(2)`，因此可以像如下代码一样打印出函数对象：

```
square;
// function (x) {
//     return x * x;
// }
```

函数还可以通过构造函数来实例化，尽管这并不常见，但它能够证明其在 JavaScript 中的一等性。构造函数以函数形参，函数体为参数，并需要使用 `new` 关键字，如：

```
var multiplier = new Function('a', 'b', 'return a * b');
```

```
multiplier(2, 3); //-> 6
```

在 JavaScript 中，任何函数都是 Function 类型的一个实例。函数的 length 属性可以用来获取形参的数量，而像 apply() 和 call() 方法可以用来调用函数并加入上下文（更多相关知识将在下一节讨论）。

匿名函数表达式的右侧是一个具有空 name 属性的函数对象。可以通过将匿名函数作为参数的方式来扩展或者定制化当前函数的行为。JavaScript 原生的 Array.sort(comparator) 就需要一个函数对象作为比较器。默认情况下，sort 会将值转换为字符串，再利用其 Unicode 值进行自然排序。但这往往不是我们期望的行为。下面来看几个例子：

```
var fruit = ['Coconut', 'apples'];
fruit.sort(); //->['Coconut', 'apples']          ←  大写字母的 unicode 编
                                                      码会在小写字母之后

var ages = [1, 10, 21, 2];
ages.sort(); //->[1, 10, 2, 21]                  ←  数组会被转换成字符串，
                                                      并比较 unicode 编码
```

其实，sort() 通常需要一个预定义的 comparator 函数来驱动其行为，其本身用处并不大。可以使用一个自定义函数参数来实现按名单人员年龄的数字大小排序：

```
people.sort((p1, p2) => p1.getAge() - p2.getAge());
```

该 comparator 函数的两个参数 p1 和 p2 具有以下约束。
- 如果 comparator 的返回值小于 0，p1 应在 p2 之前。
- 如果 comparator 返回 0，p1 与 p2 的顺序不变。
- 如果 comparator 的返回值大于 0，p1 应在 p2 之后。

像 sort() 这样可以接收其他函数作为参数的 JavaScript 函数，均属于一种函数类型——高阶函数。

2.3.2   高阶函数

鉴于函数的行为与普通对象类似，其理所当然地可以作为其他函数的参数进行传递，或是由其他函数返回。这些函数则称为**高阶函数**。目前我们已经看到了 Array.sort() 的 comparator 函数，让我们再来快速浏览其他一些例子。

下面的代码片段显示函数是可以传入其他函数中的。其中的 applyOperation 函数可以将任意的 opt 函数应用于前两个参数：

```
function applyOperation(a, b, opt) {          ←  opt()函数可以作为参
    return opt(a,b);                               数传入其他函数中
}
```

```
var multiplier = (a, b) => a * b;

applyOperation(2, 3, multiplier); // -> 6
```

　　在下面的例子中，add 函数接收一个参数，并返回另一个接收第二个参数并把它们加在一起的函数：

```
function add(a) {
   return function (b) {          ←──── 一个返回其他函
      return a + b;                      数的函数
   }
}
add(3)(3); //-> 6
```

　　因为函数的一等性和高阶性，JavaScript 函数具有**值的行为**，也就是说，函数就是一个基于输入的且尚未求值的不可变的值。这一原则将贯穿整个函数式编程的学习，尤其体现在第 3 章将要介绍的函数链的内容中。函数链的建立基于一些指向不同代码片段的函数名，它们将作为整个表达式的各部分被执行。

　　通过组合一些小的高阶函数来创建有意义的表达式，可以简化很多烦琐的程序。例如，假设需要打印住在美国的人员名单。一开始的实现很可能是这样的命令式代码：

```
function printPeopleInTheUs(people) {
   for (let i = 0; i < people.length; i++) {
      var thisPerson = people[i];
      if(thisPerson.address.country === 'US') {      ←──── 隐式调用对象的
         console.log(thisPerson);                           toString 方法
      }
   }
}
printPeopleInTheUs([p1, p2, p3]);      ←──── p1、p2 和 p3 是
                                              Person 的实例
```

　　现在假设还需要支持打印生活在其他国家的人。通过高阶函数，我们可以很好地抽象出应用于每个人的操作，这里就是控制台的打印逻辑。可以给高阶函数 printPeople 提供任何 action 函数：

```
function printPeople(people, action) {
   for (let i = 0; i < people.length; i++) {
      action (people[i]);
   }
}

var action = function (person) {
   if(person.address.country === 'US') {
      console.log(person);
   }
}

printPeople(people,action);
```

　　JavaScript 语言中显著的命名模式之一是使用如 multiplier、comparator 以及 action 这样的受事名词。这也是因为这些函数是一等的，可以给变量赋值，并在

之后再执行。基于函数的高阶特性将 `printPeople` 重构一下：

```
function printPeople(people, selector, printer) {
  people.forEach(function (person) {
    if(selector(person)) {
        printer(person);
    }
  });
}

var inUs = person => person.address.country === 'US';

printPeople(people, inUs, console.log);
```

forEach 是函数式推荐的循环方式。本章之后的部分讨论这个话题

通过使用高阶函数，开始呈现出声明式的模式。表达式清晰地描述了程序需要做的事情

　　它需要一个完全拥抱函数式编程的心态。而从上例可以看出，这段代码可以变得比一开始灵活得多，因为现在可以轻松地改变选择条件以及打印的方式。第 3 章和第 4 章将紧紧围绕这个主题，使用一些特殊的库将一些简单的操作流式地链接在一起，来构建复杂的程序。

> **展望未来**
>
> 　　这里笔者想暂停一下对核心 JavaScript 内容的讨论，结合一些已经简单介绍过的概念，进一步地讨论本节的程序。尽管对于现在来说，这是有点高级的技巧，但是很快，读者就会了解如何通过这种方式使用函数式编程来构建程序。可以使用 Lens 来创建可以访问对象属性的函数：
>
> ```
> var countryPath = ['address', 'country'];
> var countryL = R.lens(R.path(countryPath), R.assocPath(countryPath));
> var inCountry = R.curry((country, person) =>
>         R.equals(R.view(countryL, person), country));
> ```
>
> 　　这样的代码比之前的更加函数式了：
>
> ```
> people.filter(inCountry('US')).map(console.log);
> ```
>
> 　　如上述代码所示，国家名变成另一个可以是任意值的参数。这个值得期待的特性将在后续章节中介绍。

　　在 JavaScript 中，函数不仅能够被调用，还可以被应用。下面介绍 JavaScript 的函数调用机制这一特质。

2.3.3　函数调用的类型

　　JavaScript 的函数调用机制与其他语言的不同，是语言中一个十分有趣的部分。JavaScript 给予了我们完全的自由来指定调用函数的运行上下文，也就是函数体中 `this` 的值。因此，JavaScript 的函数可以使用许多不同的方式来调用。

　　■　作为全局函数 —— 其中 `this` 的引用可以是 `global` 对象或是 `undefined`（在

严格模式中）：

```
function doWork() {
    this.myVar = 'Some value';
}
doWork();
```
◁── 在全局上下文调用
doWork()会造成 this 引
用到全局对象上

■ **作为方法**——其中 `this` 的引用是方法的所有者。这是 JavaScript 的面向对象特性的重要部分：

```
var obj = {
    prop: 'Some property',
      getProp: function () {return this.prop}
};
obj.getProp();
```
◁── 调用对象中的
方法时，this 指
向该对象

■ **作为构造函数与 new 一起使用**——这种方式会返回新创建对象的引用：

```
function MyType(arg) {
    this.prop = arg;
}

var someVal = new MyType('some argument');
```
◁── 使用 new 关键字
会把 this 引用到
新创建的对象上

正如从例子中看到的，不同于其他编程语言，`this` 的引用取决于函数式如何使用的（如全局的、或是作为对象方法、或是作为构造函数等），而不是取决于函数体中的代码。由于需要特别关注函数是如何被执行的，因此这会导致代码难于理解。

作为一个 JavaScript 开发，了解这些内容是非常重要的，但正如上文不断指出的，在函数式代码中很少会使用 `this`（事实上，应不惜一切代价来避免使用它）。但在一些库和工具中，它被大量使用，以在一些特殊情形下改变语言环境来实现一些难以置信的功能。这些往往会涉及 `apply` 方法以及 `call` 方法。

2.3.4　函数方法

JavaScript 支持通过使用函数原型链上的函数方法（类似元函数）`call` 和 `apply`来调用函数本身。两个函数方法都广泛应用于脚手架代码的构建中，这样 API 用户就可以通过现有的函数去创建新的函数。下面来看如何写一个 `negate` 函数：

高阶函数 negate 接收一
个函数作为输入，并返回
取反其结果的函数 ──▷
```
function negate(func) {
    return function() {
        return !func.apply(null, arguments);
    };
}
```
使用 fun.apply()来使用原来
的参数调用函数 ──▷

```
function isNull(val) {
    return val === null;
}
```
◁── 定义 isNull
函数

```
}

var isNotNull = negate(isNull);

isNotNull(null); //-> false
isNotNull({});   //-> true
```

定义 isNull 函数的
反，即 isNotNull 函数

该 negate 函数创建了一个新的函数，它会调用其参数，再取结果的倒数。上例
使用了 apply 方法，但也可以使用 call 函数。不同之处在于前者接收一个参数组
成的数组，而后者接收参数列表。第一个参数 thisArg 可用于按需修改函数的上下文。
它们的函数签名如下：

```
Function.prototype.apply(thisArg, [argsArray])

Function.prototype.call(thisArg, arg1,arg2,...)
```

如果 thisArg 是一个对象，它表示该函数将作为该对象的成员方法被调用。如果
thisArg 为 null，则表示该函数的上下文为全局对象，该函数的行为就像一个全局
函数。但是，如果该方法是严格模式下定义的函数，null 才是实际被传入的值。

通过 thisArg 修改函数上下文可以灵活地应用在许多不同的技术中。但函数式编
程并不鼓励这样，因为它永远不会依赖于函数的上下文状态（前面讲过，所有的数据都
应以参数的形式提供给函数），所以我们不再过多讨论该功能。

尽管全局共享以及对象上下文的概念在函数式 JavaScript 编程中没太大用处，但一个
特殊的上下文概念我们应当注意，即函数上下文。要了解它，必须先理解闭包和作用域。

2.4 闭包和作用域

在 JavaScript 出现之前，闭包只存在于函数式编程语言中，用于编写某些特殊的应
用程序。JavaScript 是第一个在主流开发中应用闭包的语言，显著地改变了开发者编写
代码的方式。再重温一下 zipCode 这个类型：

```
function zipCode(code, location) {
    let _code = code;
    let _location = location || '';

    return {
        code: function () {
            return _code;
        },
        location: function () {
            return _location;
        },
        ...
    };
}
```

如果仔细观察这段代码，就会发现，zipCode 函数返回的对象似乎能够完全访问
其作用域之外声明的变量。也就是说，zipCode 执行完毕后，生成的对象仍然可以看

到在这个封闭函数中声明的信息：

```
const princetonZip = zipCode('08544', '3345');
princetonZip.code(); //-> '08544'
```

这有点难以想象，都归功于在 JavaScript 中形成于对象和函数声明周围的闭包。能够这样访问数据具有很好的实用价值，我们在本节中将会看到如何使用闭包来模拟私有成员变量、如何从服务器获取数据以及创建块作用域变量。

闭包是一种能够在函数声明过程中将环境信息与所属函数绑定在一起的数据结构。它是基于函数声明的文本位置的，因此也被称为围绕函数定义的**静态作用**域或**词法作用**域。闭包能够使函数访问其环境状态，使得代码更清晰可读。你很快就会看到，闭包不仅应用于函数式编程的高阶函数中，也可用于事件处理和回调、模拟私有成员变量，还能用于弥补一些 JavaScript 的不足。

支配函数闭包行为的规则与 JavaScript 的作用域规则密切相关。作用域能够将一组变量绑定，并定义变量定义的代码段。从本质上讲，闭包就是函数继承而来的作用域，这类似于对象方法是如何访问其继承的实例变量的，它们都具有其父类型的引用。在内嵌函数中能够很清楚地看到闭包，示例如下：

```
function makeAddFunction(amount) {
    function add(number) {
        return number + amount;
    }
    return add;
}

function makeExponentialFunction(base) {
    function raise (exponent) {
        return Math.pow(base, exponent);
    }
    return raise;
}
var addTenTo = makeAddFunction(10);
addTenTo(10); //-> 20

var raiseThreeTo = makeExponentialFunction(3);
raiseThreeTo(2); //-> 9
```

add 函数可以通过词法绑定访问到 amount 变量

raise()函数也可以通过词法绑定访问到 base

值得注意的是，尽管两个函数中的变量 amount 和 base 并不在返回函数的活动作用域中，但通过调用返回函数仍然可以访问它们。从本质上讲，可以想象内嵌函数 add 和 raise 在声明式中不仅包含其计算逻辑，也包含其周围所有变量的快照。更一般地，如图 2.4 所示，函数的闭包包括以下内容。

- 函数的所有参数（在本例中是 params 和 params2）。
- 外部作用域的所有变量（当然也包括所有的全局变量），包括那些如 additional Vars 这样在函数后声明的变量。

再看一个真实代码中闭包的例子，如清单 2.3 所示。

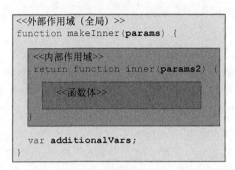

图 2.4 闭包包含了在外部（全局）作用域中声明的变量、在父函数内部作用域中声明的变量、
父函数的参数以及在函数声明之后声明的变量。函数体中的代码可以访问这些
作用域中定义的变量和对象。而所有函数都共享全局作用域

清单 2.3 真实代码中的闭包

```
var outerVar = 'Outer';                                          声明全局变
function makeInner(params) {                                     量 outerVar
    var innerVar = 'Inner';              调用 makeInner 会
    function inner() {                   得到 inner 函数
        console.log(
            `I can see: ${outerVar}, ${innerVar}, and ${params}`);
    }                                                            声明 inner：innerVar
    return inner;                                                和 outerVar 在 inner
}                                                                闭包内
var inner = makeInner('Params');         函数 inner 生
inner();                                 命周期比外部
                                         函数还长
```

声明局
部变量
makeIn
ner

运行此代码会打印出如下输出：

```
'I can see: Outer, Inner, and Params'
```

乍看起来，这似乎并不直观，还有点神秘。这个局部变量 innerVar 应该不复存
在，或者在 makeInner 返回后被垃圾回收，从而打印出 undefined。其实，这正是
闭包的神奇之处。从 makeInner 返回的函数会在其声明时记住其作用域内的所有变
量，并防止它们被回收。由于全局作用域内也是闭包的一部分，因此返回的函数也能够
访问 outerVar。第 7 章将继续闭包以及函数上下文的内容的讨论。

或许读者想知道为什么函数声明之后声明的变量（如 additionalVars）也可以
作为闭包的一部分。要回答这个问题，读者需要明白 JavaScript 的 3 种类型的作用域：
全局作用域、函数作用域以及伪块作用域。

2.4.1 全局作用域

全局作用域是最简单的作用域，但也是最差的。任何对象和在脚本最外层声明的（不在任何函数中的）变量都是**全局作用域**的一部分，并且可以被所有 JavaScript 代码访问。函数式编程的目的是为了防止任何可被观测的变化影响到函数之外的部分，然而在全局作用域内，每执行一行都会导致明显变化。

尽管使用全局变量很容易，但是它们会被所有加载到页面中的脚本所共享。如果 JavaScript 代码不是以模块打包的，那么这样很容易导致命名空间冲突。全局命名空间的污染会导致很多问题，很容易导致不同文件中定义的变量和函数被重写。

全局数据也会使得程序难以推理，因为你需要时刻谨记所有的变量。这也是为什么随着代码量的增加，程序越来越复杂的原因之一。全局数据也会引发副作用，因为在读取或写入时，会不可避免地形成外部依赖。由此显而易见，在函数式编程时，我们应该不惜一切代价地避免使用全局变量。

2.4.2 函数作用域

这是 JavaScript 主推的作用域机制。在函数中声明的任何变量都是局部且外部不可见的。同时，在函数返回后，其声明的任何局部变量都会被删除。所以，在函数

```
function doWork() {
   let student = new Student(...);
   let address = new Address(...);
   // do more work
};
```

中，变量 student 和 address 被绑定在 doWork() 中，无法被外界访问。如图 2.5 所示，变量名称解析与之前所述的原型名称解析链非常相似。它会首先检查最内层作用域，并逐渐向外。JavaScript 的作用域机制如下。

① 首先检查变量的函数作用域。

② 如果不是在局部作用域内，那么逐层向外检查各词法作用域，搜索该变量的引用，直到全局作用域。

③ 如果无法找到变量引用，那么 JavaScript 将返回 undefined。

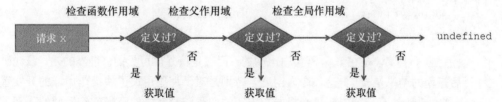

图 2.5 JavaScript 的**名称解析顺序**，在最近的作用域查找到变量，并逐层向外扩展。它首先检查函数（局部）作用域，然后移动到（倘若存在的）父作用域，最终移动至全局作用域。如果无法找到变量 x，该函数将返回 undefined

考虑下面的代码示例：

```
var x = 'Some value';
function parentFunction() {
   function innerFunction() {
       console.log(x);
   }
   return innerFunction;
}
var inner = parentFunction();
inner();
```

　　当 inner 被调用时，JavaScript 运行时会按照图 2.5 中所示的顺序进行查找 x。

2.4.3　伪块作用域

　　如果读者有任何其他编程语言的开发经验，很可能已经适应了函数作用域。但由于 JavaScript 类似 C 的语法，读者很可能也期望块作用域会以类似的方式工作。

　　遗憾的是，标准 ES5 JavaScript 并不支持块级作用域，这些块包裹在括号{}中，隶属于各种控制结构，如 for、while、if 和 switch 语句。唯一的例外是传递到 catch 块的错误变量。语句 with 与块作用域类似，但它已不被建议使用，并且在严格模式下被禁止。在类似 C 的其他语言中，在 if 语句中声明的变量（即本例中的 myVar），

```
if (someCondition) {
   var myVar = 10;
}
```

是无法从代码块外部访问的。因此，对于已经习惯该风格的 JavaScript 入门开发人员来说会比较困惑。因为拥有函数作用域的 JavaScript 语言能够在函数中的任何地方访问一个在代码块中声明的变量。尽管这可能是 JavaScript 开发人员的噩梦，但还是有办法来克服的。来看看下面的问题：

```
function doWork() {
   if (!myVar) {
      var myVar = 10;
   }
   console.log(myVar); //-> 10
}
doWork();
```

　　变量 myVar 是在 if 语句中声明的，但它是块外部可见的。奇怪的是，该代码运行后打印的结果是 10。这很令人困惑，特别是对于那些用惯了块级作用域的开发者来说。JavaScript 有一个内部机制将所有声明的变量和函数提取至当前作用域的顶部，本例中是函数作用域。这会使得循环不再安全，注意清单 2.4 所示的例子。

清单 2.4　有歧义的循环计数器问题

```
var arr = [1, 2, 3, 4];
```

```
function processArr() {

    function multipleBy10(val) {
        i = 10;
        return val * i;
    }

    for(var i = 0; i < arr.length; i++) {
      arr[i] = multipleBy10(arr[i]);
    }

    return arr;
}
processArr(); //-> [10, 2, 3, 4]
```

该循环计数器 `i` 被移动到函数的顶部，并成为 `multipleBy10` 函数闭包的一部分。在 `i` 的声明中忘记使用关键字 `var` 导致在 `multiplyBy10` 的局部作用域创建了一个已经存在于作用域的变量，不慎将循环计数器修改为 10。该循环计数器的声明被提取置顶，并被设置为 `undefined`，之后在执行循环时被赋值为 0。在第 8 章中，你会在处理循环中的非阻塞操作中再次看到这种有歧义的代码问题。

良好的 IDE 和代码检查工具可以缓和这些问题，但当面对几百行代码时，即便是这些工具也爱莫能助。在下一章中，我们将会了解到一些更好的解决方案，它们更加优雅，比起标准的循环也更不易出错，能够充分地利用高阶函数来克服这些语言缺陷。正如本章所述的，JavaScript ES6 提供了 `let` 关键字通过将循环计数器与循环块绑定的方式来解决这个问题：

```
for(let i = 0; i < arr.length; i++) {
    // ...
}

i; // i === undefined
```

let 关键字解决了置顶问题 (hoisting problem)，i 被定义在正确的作用域中。循环外部为定义 i

这是一个进步，也是我为什么更推荐使用 `let` 而不是 `var` 来声明作用域变量的原因。然而，标准的代码循环还有一些其他缺点，我们将在下一章对此进行讨论。现在，既然你已经了解了函数闭包的组成以及其工作机制，让我们来看看一些闭包的实际应用。

2.4.4 闭包的实际应用

闭包在很多大型的 JavaScript 实际场景中都有十分重要的应用。尽管它们并不全是函数式编程项目，但都对 JavaScript 的以下函数作用机制充分加以利用。

■ 模拟私有变量。
■ 异步服务端调用。
■ 创建人工块作用域变量。

1. 模拟私有变量

与 JavaScript 不同，很多其他语言提供了一个内置的机制，通过设置访问修饰符（如

private）来定义对象的内部属性。JavaScript 并没有一个固有的关键字来限定在对象作用域中私有变量和函数的访问。这种封装特性有利于程序的不可变性，因为你无法修改不能访问的东西。

我们可以使用闭包来模仿这种行为。其中一个例子就是像之前的 zipCode 和 coordinate 函数一样返回一个对象。这些函数返回一个字面的对象，尽管其中包含了一些可访问任何外部函数局部变量的方法，但并不会公开这些变量，因此可以有效地使这些变量私有化。

闭包还可以用来管理的全局命名空间，以免在全局范围内共享数据。一些库和模块还会使用闭包来隐藏整个模块的私有方法和数据。这被称为**模块模式**，它采用了**立即调用函数表达式**（IIFE），在封装内部变量的同时，允许对外公开必要的功能集合，从而有效减少了全局引用。

注意
> 将所有的功能代码包裹在良好封装的模块之中是一个通用的最佳实践。你可以将在本书中学到的所有函数式编程核心原则用在模块之中。

以下是一个模块框架的简单示例[1]：

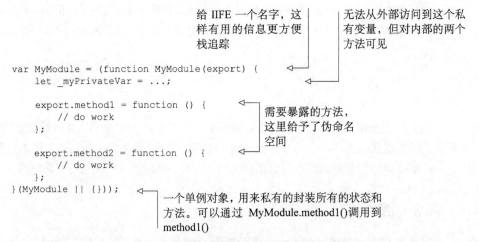

给 IIFE 一个名字，这样有用的信息更方便栈追踪

无法从外部访问到这个私有变量，但对内部的两个方法可见

```
var MyModule = (function MyModule(export) {
    let _myPrivateVar = ...;

    export.method1 = function () {
        // do work
    };

    export.method2 = function () {
        // do work
    };
}(MyModule || {}));
```

需要暴露的方法，这里给予了伪命名空间

一个单例对象，用来私有的封装所有的状态和方法。可以通过 MyModule.method1() 调用到 method1()

对象 MyModule 是在全局作用域创建的，之后被传递给一个用 function 关键字创建的函数表达式中，并会在脚本加载时被立即执行。由于 JavaScript 的函数作用域，变量_myPrivateVar 和其他私有变量都是包裹函数的局部变量。围绕这两个公开方法的闭包使得返回的对象能够安全地访问模块中的所有内部属性。能够在暴露一个包含大量被封装的状态和行为的对象的同时，尽可能地减少对全局的污染，这种能力确实引人

---

[1]　对于模块模式的不同种类的更进一步的说明，请参阅 Ben Cherry 在 *Adequately Good* 中发表的文章：《JavaScript Module Pattern: In-Depth》，2010 年 3 月 12 日，http://mng.bz/H9hk。

注目。该模块模式被应用于本书涉及的每一个函数式库之中。

2. 异步服务端调用

JavaScript 中的一等高阶函数可以作为回调函数传递到其他函数中。回调函数和钩子一样，能够非侵入式地处理各种事件。假设需要对服务器发起一次请求，并期望在数据被接收到时得到通知。常用的方式就是提供一个回调函数来处理服务器响应：

```
getJSON('/students',
    (students) => {
        getJSON('/students/grades',
            grades => processGrades(grades),        ← 处理两个返回结果
            error => console.log(error.message));    ← 处理获取评分等级时发生
    },                                                   的错误
    (error) =>
        console.log(error.message)      ← 处理获取学生时发
)                                          生的错误
```

getJSON 是一个高阶函数，它接收两个回调作为参数——一个处理成功的函数和一个处理错误的功能。一种伴随异步事件处理代码的常见现象是，当需要进行多次远程请求的情况下，很容易落入多层嵌套的函数调用中，这些回调会形成糟糕的"回调厄运金字塔"。正如你可能经历过的，代码在嵌套过深时会变得难以理解。在第 8 章，你将学到一些最佳实践，通过使用更加流式和声明式的表达式，并将其连接在一起来到替代这种代码嵌套。

3. 模拟块作用域变量

闭包为代码示例 2.4 中的循环计数器问题提供了一个替代解决方案。正如前面提到的，问题的根本是 JavaScript 缺乏块作用域的语义，因此需要人为地制造出块作用域。该怎么做呢？使用 let 确实可以缓解许多传统的循环机制问题，然而使用一种基于 forEach 的函数式方法则可以对闭包以及 JavaScript 的函数作用域加以利用。这样就无须考虑如何将循环计数器以及其他变量约束在作用域之中，而可以在循环体内包裹一个函数作用域来模拟块作用域。后面还会看到，这可以帮助在遍历集合时进行异步调用：

```
arr.forEach(function(elem, i) {
    ...
});
```

本章所涵盖的仅仅是 JavaScript 的基础知识，来帮助读者了解它的一些局限性，为后续深入了解函数式技术做好准备。如果想更加深入地了解语言，读者应参考一本深刻讲解对象、继承以及闭包等概念的书籍。

> **想要成为一个 JavaScript 忍者吗？**
>
> 本章涉及对象、函数、作用域以及闭包等主题，这对成为一名 JavaScript 专家至关重要。但本章仅仅介绍了一些皮毛，因为这可以使读者可以更加专注于函数式编程。如果想要获得更多的信息，精进 JavaScript 技能水平，建议您阅读 John Resig、Bear Bibeault 以及 Josip Maras 所著的《JavaScript 忍者秘籍》（第 2 版）（2016，www.manning.com/books/secrets-of-the-javascript-ninja-second-edition，中文版由人民邮电出版社于 2018 年 2 月出版，ISBN978-7-115-47326-4，定价 69 元）。

　　现在读者已经有了坚实的 JavaScript 基础，在下一章中，我们将看看如何使用如 `map`、`reduce` 以及 `filter` 等操作以及递归的方法来进行数据处理。

2.5　总结

- JavaScript 是一种用途广泛的、具有强大面向对象和函数式编程特性的语言。
- 使用不可变的实现方式可以使函数式与面向对象编程很好地结合在一起。
- 一等高阶的函数使得 JavaScript 成了函数式编程的中坚力量。
- 闭包具有很多实际用途，如信息隐藏、模块化开发，并能够将参数化的行为跨数据类型地应用于粗粒度的函数之上。

第二部分

函数式基础

第一部分回答了本书的两个最根本的问题：为什么要选择函数式以及为什么要选择 JavaScript。既然明白了函数式编程给 JavaScript 开发带来的好处，我们会继续深入讲解。第二部分将探讨一些实用概念，应用函数式编程来解决现实问题。在这一部分中，读者会了解到"函数式"的意义。

第 3 章通过让读者了解通用函数式程序中如 map、reduce 和 filter 这样的命令式抽象函数，来学习如何创建易于推断的代码。本章还涵盖了函数式风格中用于数据迭代的重要手段，即递归的使用。

第 4 章将着眼于第 3 章中的概念应用，学习如何采用 Pointfree 风格基于流式的函数构建来简化软件开发。读者将了解到，将复杂任务拆分为独立的、粒度较小的组件是构建函数式代码的核心。而这些组件最终会通过函数式中的组合原则拼接在一起，形成最终的模块化可重用的解决方案。

第 5 章将介绍如何应用一些基本的设计模式来克服程序复杂性的增加以及错误处理等问题。一些抽象数据类型，如 Functor 和 Monad，可以提供一个在异常条件下可容错的弹性抽象层，使用它们可以使函数的组合更加稳定可靠。

第二部分中的技术会完全改变读者编写 JavaScript 代码的方式，同时也为在第三部分中使用函数式技术解决如异步数据以及事件这样的复杂 JavaScript 问题打下基础。

第 3 章　轻数据结构，重操作

> 计算过程是计算机中的一种抽象存在，在其演化的过程中，这些过程会去控制另一种被称为数据的抽象存在。
>
> ——Harold Abelson，Gerald Jay Sussman（《Structure and Interpretation of Computer Programs, MIT Press, 1979 年》

本书第一部分完成了两个重要目标：一方面，其中的章节教读者如何用函数式思考，同时介绍了一些函数式编程中需要用到的工具；另一方面，让读者了解了许多核心的 JavaScript 特性，尤其是高阶函数——它们都会在本章和本书的其余部分频繁用到。现在，读者应该已经了解到如何使函数变得更纯，是该学习如何连接它们的时候了。

本章将介绍一些使用的操作，如 map、reduce 以及 filter，它们能够连续地遍历并变换各种数据结构。这些操作十分重要，几乎所有的函数式程序都会以各种方式来使用它们。它们也用于去除代码中的循环——大多数循环都是可由这些函数处理的一些具体案例。

读者还将在本章学习 JavaScript 函数库 Lodash.js。它不但能够处理应用程序的结构，还能够处理各种数据结构。此外，本章还将讨论在函数式编程中具有重要作用的递归，以及用递归思考的优势。基于这些概念，你将能够编写出简洁的、可扩展的、声明式的程序代码，并能够使代码中的主逻辑与控制流清晰地分离。

3.1 理解程序的控制流

程序为实现业务目标所要行进的路径被称为**控制流**。命令式程序需要通过暴露所有的必要步骤才能极其详细地描述其控制流。这些步骤通常涉及大量的循环和分支，以及随语句执行变化的各种变量。简单的命令式程序大致可以这样描述：

```
var loop = optC();
while(loop) {
  var condition = optA();
  if(condition) {
    optB1();
  }
  else {
    optB2();
  }
  loop = optC();
}
optD();
```

图 3.1 显示了上述程序的简单流程图。

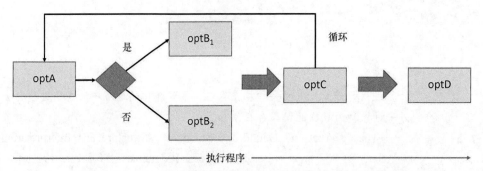

图 3.1   通过分支和循环控制操作（或语句）组成的命令式程序

然而，声明式程序，特别是函数式程序，则多使用以简单拓扑连接的独立黑盒操作组合而成的较小结构化控制流，从而提升程序的抽象层次。这些连接在一起的操作只是一些能够将状态传递至下一个操作的高阶函数，如图 3.2 所示。使用函数式开发风格操作数据结构，其实就是将数据与控制流视为一些高级组件的简单连接。

使用这种方式可以形成类似这样的代码：

```
optA().optB().optC().optD();
```
← 这样用点连接表示有共同的
对象上定义过这些方法

图 3.2 连接黑盒操作的函数式控制流程。信息在一个操作与下一个（独立的纯函数）操作
之间独立地流动。高阶抽象使得分支和迭代明显减少或甚至被消除

采用这种链式操作能够使程序简洁、流畅并富有表现力，能够从计算逻辑中很好地分离控制流，因此可以使得代码和数据更易推理。

3.2 链接方法

方法链是一种能够在一个语句中调用多个方法的面向对象编程模式。当这些方法属于同一个对象时，方法链又称为**方法级联**。尽管该模式大多出现在面向对象的应用程序中，但在一些特定条件下，如操作不可变对象时，也能很好地用于函数式编程中。既然在函数式代码中是禁止修改对象的，又如何能使用这种方法链模式呢？让我们来看一个字符串处理的例子：

```
'Functional Programming'.substring(0, 10).toLowerCase() + ' is fun';
```

在该例中，substring 和 toLowerCase 都是（通过 this）在隶属的字符串对象上操作并返回一个新字符串的方法。JavaScript 中字符串的加号（+）运算符被重载为连接字符串操作的语法糖，它也会返回一个新的字符串。通过一系列变换后的结果与原先字符串毫无引用关系，而原先的字符串也不会有任何变化。这种行为是理所当然的，因为按照设计，字符串是不可变的。从面向对象的角度来看，这没有什么特别的。但从函数式编程的角度来看，这是一种理想行为，因为不需要使用 Lenses 来进行字符串变换了。

如果用更加函数式的风格重构上面的代码，它会像这样：

```
concat(toLowerCase(substring('Functional Programming', 1, 10))),' is fun');
```

这段代码符合函数式风格，所有参数都应在函数声明中明确定义，而且它没有副作用，也不会修改的原有对象。但可以说，这样的代码写起来并没有方法链流畅。而且它也更难阅读，因为需要一层层地剥离外部函数，才能知晓内部真正发生的事情。

只要遵守不可变的编程原则，函数式中也会应用这种隶属于单个对象实例的方法链。能用该模式来处理数组变换吗？其实 JavaScript 也将这种字符串的行为推广到数组上了，大多数人之所以还在用 for 循环作为权宜之计，是因为他们并不了解这些特性。

3.3   函数链

面向对象程序将继承作为代码重用的主要机制。回忆之前章节中，Student 类继承了父类 Person 的所有状态和方法。读者也许在一些纯面向对象的语言中更多见到的是这种模式，特别是在数据结构的实现代码中。例如在 Java 中，有一大堆继承于基础接口 List 的各种实体 List 类，如 ArrayList、LinkedList、DoublyLinkedList、CopyOnWrite ArrayList 等，它们都源自共同的父类，并各自添加了一些特定的功能。

函数式编程则采用了不同的方式。它不是通过创建一个全新的数据结构类型来满足特定的需求，而是使用如数组这样的普通类型，并施加在一套粗粒度的高阶操作之上，这些操作是底层数据形态所不可见的。这些操作会作如下设计。

- 接收函数作为参数，以便能够注入解决特定任务的特定行为。
- 代替充斥着临时变量与副作用的传统循环结构，从而减少所要维护以及可能出错的代码。

让我们仔细研究一下。本章中的示例都是基于一个 Person 对象的集合。为了方便起见，我们只声明四个对象，但相同的概念同样适用于较大的集合：

```
const p1 = new Person('Haskell', 'Curry', '111-11-1111');
p1.address = new Address('US');
p1.birthYear = 1900;

const p2 = new Person('Barkley', 'Rosser', '222-22-2222');
p2.address = new Address('Greece');
p2.birthYear = 1907;

const p3 = new Person('John', 'von Neumann', '333-33-3333');
p3.address = new Address('Hungary');
p3.birthYear = 1903;

const p4 = new Person('Alonzo', 'Church', '444-44-4444');
p4.address = new Address('US');
p4.birthYear = 1903;
```

3.3.1   了解 lambda 表达式

lambda 表达式（在 JavaScript 中也被称为**箭头函数**）源自函数式编程，比起传统的函数声明，它可以采用相对简洁的语法形式来声明一个匿名函数。尽管 lambda 函数也可以写成多行形式，但就像在第 2 章中见到的，单行是最普遍的形式。使用 lambda 表达式或普通函数声明语法一般只会影响到代码的可读性，其本质是一样的。下面是一个可用于提取个人姓名的示例函数：

```
const name = p => p.fullname;
console.log(name(p1)); //-> 'Haskell Curry'
```

(P) => p.fullname 这种简洁的语法糖表明它只接收一个参数 p 并隐式地返回 p.fullname。图 3.3 显示了这种新语法的结构。

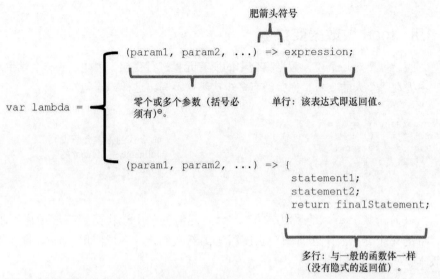

图 3.3　箭头函数的结构。lambda 函数的右侧可以是一个表达式或是一个封闭的多个语句块[1]

　　lambda 表达式适用于函数式的函数定义，因为它总是需要返回一个值。对于单行表达式，其返回值就是函数体的值。另一个值得注意的是一等函数与 lambda 表达式之间的关系。函数名代表的不是一个具体的值，而是一种（惰性计算的）可获取其值的描述。换句话说，函数名指向的是代表着如何计算该数据的箭头函数。这就是在函数式编程中可以将函数作为数值使用的原因。我们将在本章进一步讨论它，并在第 7 章讨论惰性计算函数。

　　此外，函数式编程中鼓励使用的 map、reduce 以及 filter 等核心高阶函数都能够与 lambda 表达式良好地配合使用。很多函数式的 JavaScript 代码都需要处理数据列表，这也就是衍生 JavaScript 的函数式语言鼻祖起名为 LISP（列表处理）的原因。JavaScript 5.1 本身就提供特定版本的该类操作——称为函数式 *array extras*。但为了能够联合其他相似操作以提供完整的解决方案，本书会选择使用 Lodash.js 函数式库中提供的此类操作。它的工具包包含丰富的能够处理常见编程任务的基础函数（安装方法见附录），因此非常利于编写函数式程序。安装之后，就可以通过全局的 _（下画线符号）对象来访问其功能。下面先来介绍 _.map。

Lodash 中的下画线

　　Lodash 之所以使用下画线约定，是因为它是从著名且广泛使用的 Undesrscore.js 项目中衍生而来（http://underscorejs.org/）。为了能够直接替换 Underscore，Lodash 仍然保持与其一致的 API。但从本质上讲，为了能够以更为优雅的方式构建函数链，本书将完全重写 lodash，这也伴随着一些性能的提升（我们将在第 7 章深入了解）。

---

[1] 只有一个参数时其实括号是可以省略的。——译者注

3.3.2　用_.map 做数据变换

假设需要对一个较大数据集合中的所有元素进行变换，例如，从一个学生对象的列表中提取每个人的全名。你曾经有多少次不得不写出这样的语句？

```
var result = [];
var persons = [p1, p2, p3, p4];
for(let i = 0; i < persons.length; i++) {
    var p = persons[i];
    if(p !== null && p !== undefined) {
        result.push(p.fullname);
    }
}
```

命令式的方案会假设 fullname 是 Student 的方法

高阶函数 map（也称为 collect）能够将一个迭代函数有序地应用于一个数组中的每个元素，并返回一个长度相等的新数组。以下是使用_.map 的函数式风格版本：

```
_.map(persons,
    s => (s !== null && s !== undefined) ? s.fullname : ''
);
```

通过高阶函数去掉了所有 var 声明

该操作的标准定义如下：

```
map(f, [e0, e1, e2...]) -> [r0, r1, r2...];  其中, f(en) = rn
```

如果整个集合元素需要进行变换，map 函数是极其有用的——再也不必编写循环，并处理奇怪的作用域问题了。此外，由于其是不可变的，因此输出是一个全新的数组。map 需要以一个函数 f 以及拥有 n 个元素的集合作为输入，由左到右对每个元素应用函数 f 后，返回一个长度为 n 的新数组。该行为如图 3.4 所示。

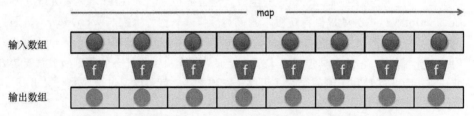

图 3.4　操作 map 对数组的每个元素应用迭代函数 f，并返回一个等长的数组

在 _.map 的例子中，我们遍历了学生的对象数组并提取出他们的名字。可以用 lambda 表达式作为迭代函数（这是通常的做法）。原有的数组不会被改变，而新返回的数组包含以下元素：

```
['Haskell Curry', 'Barkley Rosser', 'John von Neumann', 'Alonzo Church']
```

理解抽象层次背后的事情永远是有好处的，下面来看 map 是如何实现的(见清单 3.1)。

清单 3.1 Map 的实现

```
function map(arr, fn) {
    let idx    = 0,
        len    = arr.length,
        result = new Array(len);

    while (++idx < len) {
        result[index] = fn(array[idx], idx, arr);
    }
    return result;
}
```

接收一个函数和一个数组，应用
函数到数组中的每一个元素，然
后返回同样大小的新数组

结果：一个与输入数
组同样长度的数组

应用函数 fn 到数组中
的每一个元素，再把
结果放入数组

如上所示，`_.map` 也是基于标准循环的。该函数已经处理了迭代的逻辑，因此无须为一些如循环变量或边界检查这样的琐事而操心，只需关注在迭代函数中功能逻辑的合理性即可。这个例子展示了函数式库如何辅助开发者写出纯函数式的代码。

`map` 是一个只会从左到右遍历的操作，对于从右到左的遍历，必须先反转数组。JavaScript 中的 `Array.reverse()` 操作是不能在这里使用的，因为它会改变原数组。可以将 Lodash 中功能等价的 `reverse` 操作与 `map` 连接起来写成一行：

```
_(persons).reverse().map(
    p => (p !== null && p !== undefined) ? p.fullname : ''
);
```

请注意该例子中语法的细小区别。Lodash 提供了一种不错的非侵入式的方式来与代码继承。开发者所需要做的就是用符号_(...) 将要操作的对象包起来，这样就拥有了其强大功能的完全控制，可以实现任何想要的变换。

> **容器的映射**
>
> 将数据结构（即例子中的数组）映射为转换后的值，这个理念具有更加深远的意义。正如可以用任意函数映射一个数组，也可以用函数映射一个对象（见第 5 章）。

现在可以在数据上应用一个变换函数了。如果能够基于新的结构得出某个结果就更好了。这就是 `reduce` 函数要做的事了。

3.3.3 用_.reduce 收集结果

转换数据之后，如何从中收集具有意义的结果呢？假设要从一个 `Person` 对象集合中计算出人数最多的国家，就可以使用 `reduce` 函数来实现。

高阶函数 `reduce` 将一个数组中的元素精简为单一的值。该值是由每个元素与一个累积值通过一个函数计算得出的，如图 3.5 所示。

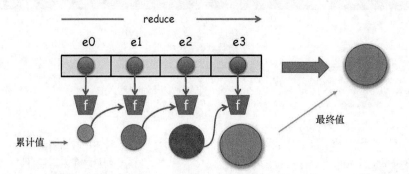

图 3.5 将数组 reduce 为单一值。每次迭代都会计算出基于先前结果的累积值，
直至到达数组的末尾。reduce 的最终结果始终是单一值

图 3.5 可以更正式地表示为以下描述：

```
reduce(f,[e0, e1, e2, e3],accum) -> f(f(f(f(acc, e0), e1, e2, e3)))) -> R
```

现在来看一个 reduce 函数的简单实现，如清单 3.2 所示。

清单 3.2 reduce 的实现

```
function reduce(arr, fn,[accumulator]) {
   let idx = -1,
       len = arr.length;

   if (!accumulator && len > 0) {          如果不提供累加值，
       accumulator = arr[++idx];           就会用第一个元素作
   }                                        为累加值

   while (++idx < len) {                    应用 fn 到每一个
       accumulator = fn(accumulator,        元素，将结果放
       arr[idx], idx, arr);                 到累加值中
   }
   return accumulator;                      返回累加值
}
```

reduce 需要接收以下参数。

■ fn —— 迭代函数会应用于数组的每个元素，其参数包含累积值、当前值、当前
索引以及数组本身。

■ 累加器 —— 累积初始值，之后会用于存储每次迭代函数的计算结果，并不断被
传入子函数中。

下面写一个简单的程序来收集一个 Person 对象数组的一些统计数据。假设要找
住在某个特定国家的人数，如清单 3.3 所示。

清单 3.3 国家人数计算

```
_(persons).reduce(function (stat, person) {
    const country = person.address.country;
    stat[country] = _.isUndefined(stat[country]) ? 1 :
        stat[country] + 1;
    return stat;
}, {});
```

抽取国家信息

记录人数，初始
为 1，每当找到
同样国家的同
学则加 1

返回累
加值

以空对象
作为初始
累加器

这段代码能够将输入的数组转换为表征各国人数的单一对象：

```
{
    'US'     : 2,
    'Greece' : 1,
    'Hungary': 1
}
```

为进一步简化，可以使用普适的 map-reduce 组合。通过链接这些函数，并提供具有特定行为的函数参数，就可以提高 map 和 reduce 函数的威力。抽象地讲，该程序流将具有如下结构：

```
_(persons).map(func1).reduce(func2);
```

其中，func1 和 func2 用于实现所需的特定行为。清单 3.4 展示了将业务函数与控制流分离的方法。

清单 3.4 结合 **map** 与 **reduce** 进行统计计算

```
const getCountry = person => person.address.country;

const gatherStats = function (stat, criteria) {
    stat[criteria] = _.isUndefined(stat[criteria]) ? 1 :

        stat[criteria] + 1;
    return stat;
};

_(persons).map(getCountry).reduce(gatherStats, {});
```

清单 3.4 中使用 map 将对象数组进行预处理，提取出所有国家信息。之后，再使用 reduce 来收集最终的结果。这段代码与清单 3.3 具有完全相同的输出，但更加清晰并更具可扩展性。与其直接去访问对象属性，不如考虑（使用 Ramda）提供的 lens 来访问 address.city 属性：

```
const cityPath = ['address','city'];
const cityLens = R.lens(R.path(cityPath), R.assocPath(cityPath));
```

这样就能够很容易地基于人们所处的城市计算出结果：

```
_(persons).map(R.view(cityLens)).reduce(gatherStats, {});
```

此外，还可以使用 `_.groupBy` 函数以一种更加简洁的方式来获得同样的结果：

```
_.groupBy(persons, R.view(cityLens));
```

与 `map` 不同，由于 `reduce` 依赖于累积的结果，如果不使用满足交换率的操作，从左到右与从右到左的计算可能产生不同的结果。为了说明这一点，考虑一个数组求和的简单程序：

```
_([0,1,3,4,5]).reduce(_.add);  //-> 13
```

使用反向的操作 `_.reduceRight` 函数也能够获得同样的结果。这是因为加法是一种满足交换律的运算，反之则有可能产生完全不同的结果，比如采用除法运算。如果使用之前的符号描述，`_.reduceRight` 可以作如下表示：

```
reduceRight(f, [e0, e1, e2],accum) -> f(e0, f(e1, f(e2, f(e3,accum)))) -> R
```

举例来说，以下两个使用 `_.divide` 的程序将计算出完全不同的结果：

```
([1,3,4,5]).reduce(_.divide) !== ([1,3,4,5]).reduceRight(_.divide);
```

此外，`reduce` 是一个会应用到所有元素的操作，这意味着没有办法将其"短路"来避免其应用于整个数组。假设需要对一组输入值进行校验，也许你会想用 `reduce` 将其转换为一个布尔值来表示所有参数是否合法。但是，使用 `reduce` 会比较低效，因为它会访问列表中的每一个值。其实，一旦找到了一个无效的输入，就不必继续校验剩下的值了。让我们看看如何使用 `_.some` 以及其他如 `_.isUndefined` 和 `_.isNull` 这样的有趣函数来进行更高效的验证。当要应用于列表中的每个元素时，`_.some` 函数能够在找到第一个真值（true）后立即返回：

```
const isNotValid = val => _.isUndefined(val) || _.isNull(val);  ◄──┤  undefined 与 null 时
                                                                     为不合法

const notAllValid = args => (_(args).some(isNotValid));  ◄──┐
                                                            │  函数 some 会在遍历到第
notAllValid (['string', 0, null, undefined]) //-> false    │  一个 true 时返回，这在寻
notAllValid (['string', 0, {}])              //-> true      │  找数组中是否存在合法
                                                            │  值时非常有用
```

还可以使用与非全真的逻辑非（也就是全真）函数 `_.every`，无论对单个元素返回 `true` 与否，都会检查所有元素。

```
const isValid = val => !_.isUndefined(val) && !_.isNull(val);
const allValid = args => _(args).every(isValid);

allValid(['string', 0, null]); //-> false
allValid(['string', 0, {}]);  //-> true
```

正如前面所看到的，无论是 `map` 还是 `reduce` 都会遍历整个数组。通常并不想

处理数据结构中的所有元素，而是期望跳过任何为 `null` 或 `undefined` 的值。要是在计算之前有一个能够去除或过滤掉列表中某些元素的方法就更好了。下面介绍 `_.filter` 函数。

3.3.4 用_.filter 删除不需要的元素

在处理较大的数据集合时，往往需要删除部分不能参与计算的元素。例如，需要计算只生活在欧洲国家的人或是出生在某一年的人。与其在代码中到处用 `if-else` 语句，不如用 `_.filter` 来实现。

`filter`（也称为 `select`）是一个能够遍历数组中的元素并返回一个新子集数组的高阶函数，其中的元素由谓词函数 `p` 计算得出的 `true` 值结果来确定。正式的符号描述如图 3.6 所示。

```
filter(p, [d0, d1, d2, d3...dn]) -> [d0,d1,...dn]  （输入的子集）
```

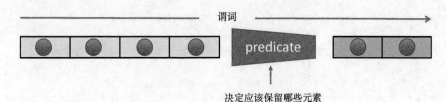

图 3.6　`filter` 操作以一个数组为输入，并施加一个选择条件 `p`，从而产生一个可能较原数组更小的子集。条件 p 也称为**函数谓词**

一种 `filter` 的实现如清单 3.5 所示。

清单 3.5　**filter** 的实现

```
function filter(arr, predicate) {
  let idx = -1,
      len = arr.length,         结果数组为原数组
      result = [];              的子集

  while (++idx < len) {
    let value = arr[idx];
    if (predicate(value, idx, this)) {    调用谓词函数，如果结果为
      result.push(value);                 真，则保留，否则略过
    }
  }
  return result;
}
```

除了需要提供数组外，`filter` 需要接收一个可用于测试数组中每个元素的 `predicate` 谓词函数。如果谓词为 `true`，则将该元素保留在结果中，否则略过。这就是为什么通常会用 `filter` 从数组中删除无效数据：

```
__(persons).filter(isValid).map(fullname);
```

　　但它的应用不止如此。假设需要从 Person 对象集合中提取生于 1903 年的人，那么用_.filter 要比使用条件语句更简单明了：

```
const bornIn1903 = person => person.birthYear === 1903;

__(persons).filter(bornIn1903).map(fullname).join(' and ');

//-> 'Alonzo Church and Haskell Curry'
```

数组推导式

　　map 和 filter 都是能够根据当前数组生成新数组的高阶函数。很多如 Haskell 和 Clojure 等函数式语言中都能看到它们的身影。组合 map 和 filter 的另一种方法是使用**数组推导式**——也被称为**列表推导式**。这是一种使用关键字 for⋯of 和 if 的简明语法并能够将 map 和 filter 的功能封装在一起的函数式特性：

```
[for (x of iterable) if (condition) x]
```

　　在撰写本文时，ECMAScript 7 中存在一个增加数组推导式的提议。它能用简洁的表达式来组装新数组（这也就是为什么整个表达式被包裹在 [] 中）。例如，之前的代码可以如下重构：

```
[for (p of people) if (p.birthYear === 1903) p.fullname]
  .join(' and ');
```

　　这些技术的应用都基于这些具有扩展性和强大功能的函数，它们不仅有助开发者写出干净的代码，还能够提高开发者对数据的理解。使用声明式的编程风格，开发者可以专注于应用程序的输出，而不是其实现，从而更深地理解应用程序。

3.4　代码推理

　　回想一下，在 JavaScript 中，共享着一个全局命名空间的成千上万行代码被一次性加载到单个页面中。尽管最近业务逻辑的模块划分领域得到了越来越多的重视，但仍有数以千计生成中的项目没有这么做。

　　那么"代码推理"到底是什么意思呢？之前的章节用"松散"这个词来表征分析一个程序任何一个部分，并建立相应心智模型的难易程度。该模型分为两部分：动态部分包括所有变量的状态和函数的输出，而静态部分包含可读性以及设计的表达水平。两个部分都很重要。读者将在本书中了解到，不可变性和纯函数会使得该模型的构建更加容易。

　　之前的内容强调将高阶操作链接起来构成程序的价值。命令式的程序流与函数式的程序流有着本质的不同。函数式的控制流能够在不需要研究任何内部细节的条件下提供该程序意图的清晰结构，这样就能更深刻地了解代码，并获知数据在不同阶段是如何流入和流出的。

3.4.1　声明式惰性计算函数链

第 1 章中提到，函数式程序是由一些简单函数组成的，尽管每个函数只完成一小部分功能，但组合在一起就能够解决很多复杂的任务。本节将介绍一种能够连接一组函数来构建整个程序的方法。

函数式编程的声明式模型将程序视为对一些独立的纯函数的求值，从而在必要的抽象层次之上构建出流畅且表达清晰的代码。这样就可以构成一个能够清晰表达应用程序意图的本体或词汇表。使用如 `map`、`reduce` 和 `filter` 这样的基石来搭建纯函数，可使代码易于推理并一目了然。

这个层次的抽象的强大之处在于，它会使开发者开始认识到各种操作应该对所采用的底层数据结构不可见。从理论上说，无论是使用数组、链表、二叉树还是其他数据结构，它都不应该改变程序原本的语义。正是出于这个原因，函数式编程选择更关注于操作而不是数据结构。

例如，假设需要对一组姓名进行读取、规范化、去重，最终进行排序。首先写一个命令式的版本，然后再重构成函数式的风格。

这个格式不一致的姓名字符串数组可以表示为：

```
var names = ['alonzo church', 'Haskell curry', 'stephen_kleene',
             'John Von Neumann', 'stephen_kleene'];
```

其命令式的程序如清单 3.6 所示。

清单 3.6　对数组进行一系列操作（命令式风格）

```
var result = [];                                    // 遍历数组中的所有名字
for (let i = 0; i < names.length; i++) {
  var n = names[i];
  if (n !== undefined && n !== null) {
    var ns = n.replace(/_/, ' ').split(' ');        // 检查所有词是否都合法
    for(let j = 0; j < ns.length; j++) {
      var p = ns[j];
      p = p.charAt(0).toUpperCase() + p.slice(1);   // 数组包含格式不一致的数据。这是规范化（修复）元素的步骤
      ns[j] = p;
    }
    if (result.indexOf(ns.join(' ')) < 0) {         // 检查是否已存在于结果中，以去除重复的元素
      result.push(ns.join(' '));
    }
  }
}
result.sort();                                      // 数组排序
```

这段代码能够产生所需的输出：

```
['Alonzo Church', 'Haskell Curry', 'Jon Von Neumann', 'Stephen Kleene']
```

命令式代码的缺点是限定于高效地解决某个特定的问题。例如，清单 3.6 只能用于解决上述的问题。因此，比起函数式代码，其抽象水平要低得多。抽象层次越低，代码重用的概率就会越低，出现错误的复杂性和可能性就会越大。

此外，函数式的实现不过是将各种黑盒组件连接在一起，将重任赋予如清单 3.7 列出的这些成熟且经过测试的 API。请注意，级联排列的函数调用可以使该代码更易阅读。

清单 3.7　数组的（函数式）序列操作

```
_.chain(names)          初始化函数链（该
                        话题会马上涉及）
                                        去除非法值
    .filter(isValid)
    .map(s => s.replace(/_/, ' '))
    .uniq()                             规范化值
    .map(_.startCase)       去掉重
    .sort()                 复元素
    .value();        大写首
                     字母

//-> ['Alonzo Church', 'Haskell Curry', 'Jon Von Neumann', 'Stephen Kleene']
```

`_.filter` 和 `_.map` 函数承担了在 `names` 数组中迭代出有效索引的责任。开发者唯一的工作就是在剩下的步骤中给出指定的行为。先使用 `_.uniq` 函数去掉重复的条目，再用 `_.startCase` 函数大写所有的单词，最后对结果进行排序。

读者是不是也更期望阅读和编写像清单 3.7 这样的程序呢？不仅是因为代码量的减少，还因为其结构简单明了。

下面继续探索 Lodash。重拾清单 3.4，它从一个 Person 对象数组中计算所有国家的计数。为了本例的目的，增加了一个 `gatherStats` 函数：

```
const gatherStats = function (stat, country) {
    if(!isValid(stat[country])) {
        stat[country] = {'name': country, 'count': 0};
    }
    stat[country].count++;
    return stat;
};
```

现在返回一个具有以下结构的对象：

```
{
    'US'      : {'name': 'US', count: 2},
    'Greece'  : {'name': 'Greece', count: 1},
    'Hungary' : {'name': 'Hungary', count: 1}
}
```

采用这种结构保证了每个国家拥有唯一的条目。为了再让它变得有趣一些，下面再给本章一开始给出的 Person 数组注入一些数据：

```
const p5 = new Person('David', 'Hilbert', '555-55-5555');
p5.address = new Address('Germany');
p5.birthYear = 1903;

const p6 = new Person('Alan', 'Turing', '666-66-6666');
p6.address = new Address('England');
p6.birthYear = 1912;

const p7 = new Person('Stephen', 'Kleene', '777-77-7777');
p7.address = new Address('US');
p7.birthYear = 1909;
```

接下来的任务是建立一个程序，返回该数据集中人数最多的国家。通过使用 _.chain()和一些其他组件，再次将这些函数连接起来，如清单3.8所示。

清单 3.8　Lodash 惰性计算函数链

```
                          创建惰性计算函数链
                          来处理给定的数组
_.chain(persons)      <──
    .filter(isValid)
    .map(_.property('address.country'))  <──
    .reduce(gatherStats, {})
    .values()                               使用 _.property 抽取 person 对象的
    .sortBy('count')                        address.country 属性。这是 Ramda 的
    .reverse()                              R.view() 的 Lodash 对应版本，虽然
    .first()                                Lodash 的版本没有那么功能丰富
    .value()
    .name; //-> 'US'   <──
                          执行函数链中的
                          所有函数
```

.chain 函数可以添加一个输入对象的状态，从而能够将这些输入转换为所需输出的操作链接在一起。与简单地将数组包裹在(…)对象中不同，其强大之处在于可以链接序列中的任何函数。尽管这是一个复杂的程序，但仍然可以避免创建任何变量，并且有效地消除所有循环。

使用 _.chain 的另一个好处是可以创建具有惰性计算能力的复杂程序，在调用 value() 前，并不会真正地执行任何操作。这可能会对程序产生巨大的影响，因为在不需要其结果的情况下，可以跳过运行所有函数（见第 7 章中关于惰性计算的讨论）。该程序的控制流程如图 3.7 所示。

现在读者应该开始明白为什么函数式的程序是如此优越的了。而相应的命令式版本留给读者去思考。清单3.8能够写得如此流畅与函数式编程中的纯性以及无副作用的基本原则息息相关。链中的每个函数都以一种不可变的方式来处理由上一个函数构建的新数组。Lodash 利用函数链这种模式，通过调用 _.chain()提供了一种基础功能，以满足各种需求。这有助于过渡到对 **point-free** 编程风格的理解。point-free 是函数式编程的特色，将在下一章中介绍。

能够惰性地定义程序的管道不止有可读性这一个好处。由于以惰性计算方式编写的程序会在运行前定义好，因此可以使用数据结构重用或者方法融合等技术对其进行优化。这些优化不会减少执行函数本身所需的时间，但有助于消除不必要的调用。第 7 章

研究函数式程序性能时，会更详细地进行讨论。

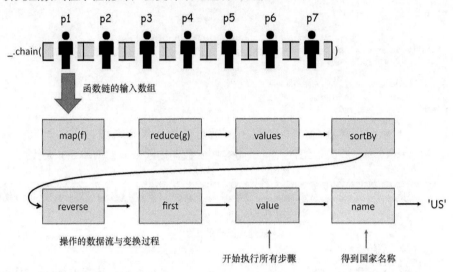

图 3.7　Lodash 函数链程序的控制流程。通过一系列操作对 person 对象数组进行处理。
数据沿着函数链传递，并最终转化为单一值

在清单 3.8 中，数据从一个节点流向下一个节点。声明式地使用高阶函数，使得节点中数据变换显而易见，从而揭示了更多对数据的认识。

3.4.2　类 SQL 的数据：函数即数据

本章已经介绍了各种各样的函数，比如 map、reduce、filter、groupBy、sortBy、uniq 等。将这些函数组成一个列表，可用来梳理数据相关的信息。如果在更高层面细细思考，就会发现这些函数与 SQL 相似，这不是偶然的。

开发者惯于使用 SQL 及其功能来了解和梳理数据的含义。例如，可以用表 3.1 所示的内容来表示 person 对象的集合。

表 3.1   表格化的 person 数据表示

id	firstname	lastname	country	birthYear
0	Haskell	Curry	US	1900
1	Barkley	Rosser	Greece	1907
2	John	Von Neumann	Hungary	1903
3	Alonzo	Church	US	1903
4	David	Hilbert	Germany	1862
5	Alan	Turing	England	1912
6	Stephen	Kleene	US	1909

事实证明，在构建程序时，使用查询语言来思考与函数式编程中操作数组类似——使用通用关键字表或代数方法来增强对数据及其结构的深层次思考。下面的 SQL 查询语句

```
SELECT p.firstname, p.birthYear FROM Person p
WHERE p.birthYear > 1903 and p.country IS NOT 'US'
GROUP BY p.firstname, p.birthYear
```

使开发者能够清楚地看到运行此代码后数据是什么样子的。在实现此程序的 JavaScript 版本之前，先设置一些函数别名来辅助说明这一点。Lodash 支持一种称为 **mixins** 的功能，可以用来为核心库扩展新的函数，并使得它们可以以相同的方式连接：

```
_.mixin({'select':  _.pluck,
         'from':    _.chain,
         'where':   _.filter,
         'groupBy': _.sortByOrder});
```

应用此 mixin 对象后，就可以编写出如清单 3.9 所示的程序。

清单 3.9　编写类似 SQL 的 JavaScript 代码

```
_.from(persons)
 .where(p => p.birthYear > 1900 && p.address.country !== 'US')
 .groupBy(['firstname', 'birthYear'])
 .select('firstname', 'birthYear')
 .value();

//-> ['Alan', 'Barkley', 'John']
```

清单 3.9 创建了一个 SQL 关键字到对应别名函数的映射，从而可以更深刻地理解一个查询语言的函数式特性。

> **JavaScript 中的 `mixin`**
>
> 　　mixin 是定义与特定类型（也就是上例中 SQL 命令）相关的函数的抽象子集对象。该对象在代码中不会被直接使用，而是作为对另一个对象行为的扩展（它有点类似于其他编程语言中的**特质**）。目标对象则能够使用 mixin 中的各种功能。
>
> 　　在面向对象的世界中，除了继承或者在不支持的语言中（比如 JavaScript 就是其中之一）模拟地多重继承，mixin 是另一种代码重用的方式。本书中过多地介绍 mixin，但如果能够正确使用，它会很强大。更多关于 mixin 的信息，参见 https://javascriptweblog.wordpress.com/2011/05/31/a-fresh-look-at-javascript-mixins/。

现在读者应该相信，函数式编程的抽象能力比命令式代码更加强大。还有比使用查询语言的语义来处理和解析数据更好的方法吗？像 SQL 一样，上面的 JavaScript 代码以函数的形式对数据进行建模，也就是**函数即数据**。因为它是声明式的，描述了**数据输出是什么**，而不是**数据是如何得到的**。到目前为止，并不需要任何常见的循环语句——本书的其余部分也不打算使用它们。相反，应该用高阶抽象代替循环。

　　另一种用于替换循环的常见技术是递归，尤其当处理一些"自相似"的问题时，可以用其来抽象迭代。对于这些类型的问题，序列函数链会显得效率低下或不适用。而递归实现了自己的处理数据的方式，从而大大缩短了标准循环的执行时间。

3.5　学会递归地思考

　　有时，要解决的问题是困难且复杂的。这种情况下，开发者应该立刻去寻找方法来分解它。如果问题可以分解成较小的问题，就可以逐个解决，再将这些结论组合起来构建出整个问题的解决方案。在 Haskell、Scheme 和 Erlang 这样的纯函数编程语言中，数组遍历是不能没有递归的，因为这些语言根本没有循环结构。

　　而在 JavaScript 中，递归具有许多应用场景，例如解析 XML、HTML 文档或图形等。本节将解释什么是递归，然后通过一个练习教读者如何去递归地思考，最后将概述可以使用递归解析的几种数据结构。

3.5.1　什么是递归?

　　递归是一种旨在通过将问题分解成较小的自相似问题来解决问题本身的技术，将这些小的自相似问题结合在一起，就可以得到最终的解决方案。递归函数包含以下两个主要部分。

■　基例（也称为终止条件）。
■　递归条件。

　　基例是能够令递归函数计算出具体结果的一组输入，而不必再重复下去。递归条件则处理函数调用自身的一组输入（必须小于原始值）。如果输入不变小，那么递归就会无限期地运行，直至程序崩溃。随着函数的递归，输入会无条件地变小，最终到达触发基例的条件，以一个值作为递归过程的终止。

　　第 2 章使用递归来深度冻结整个嵌套的对象结构。如果遇到的对象是基本类型或已经被冻结，就会触发基例；否则，就会继续遍历对象结构，因为发现了更多未被冻结的对象。递归很适合处理这种问题，因为在任何一个层次上，要解决的任务是完全一样的。但是，递归思考可能会是一个挑战，下面开始吧。

3.5.2　学会递归地思考

　　递归不是一个容易掌握的概念。与函数式编程一样，最难的部分是忘记常规的方法。本书的重点不是让读者成为一个递归大师，因为它不是一种常用的技术手段。但重要的是，本书期望通过它来锻炼读者的大脑，并帮助读者更好地学习如何分析可递归的问题。

　　递归地思考需要考虑递归自身以及自身的一个修改版本。递归对象是自定义的。例如，想象将树枝组合成一棵树。一个树枝有叶子以及其他的树枝，而它们又有更多的叶子和更多的树枝。这个过程将无限地持续下去，只有在达到外部限制时才会停止，本例中就是树的大小。

下面基于这一思想来解决一个简单的问题：对数组中的所有数求和。先实现命令式的版本，再实现函数式的版本。命令式的大脑可以自然而然地形成一个解决方案，遍历数组并不断地累积一个值：

```
var acc = 0;
for(let i = 0; i < nums.length; i++) {
    acc += nums[i];
}
```

通常开发者会使用一个累加器，因为要计算一个总和时，这绝对是必要的。但是需要使用循环吗？在这一点上，开发者很清楚可以使用函数式的武器（例如 _.reduce）：

```
_(nums).reduce((acc, current) => acc + current, 0);
```

将循环抽成框架，可以将应用程序代码抽象出来。但是可以做得更好，从代码中彻底移除迭代。使用函数 _.reduce 无须考虑循环，甚至是数组的大小。可以通过将第一个元素添加到其余部分来计算结果，从而实现递归思维。这种思想过程可以想象成如下的序列求和操作，这被称为**横向思维**：

```
sum[1,2,3,4,5,6,7,8,9] = 1 + sum[2,3,4,5,6,7,8,9]
                       = 1 + 2 + sum[3,4,5,6,7,8,9]
                       = 1 + 2 + 3 + sum[4,5,6,7,8,9]
```

递归和迭代是一枚硬币的两面。在不可变的条件下，递归提供了一种更具表现力、强大且优秀的迭代替代方法。事实上，纯函数式语言甚至没有标准的循环结构，如 do、for 和 while，因为所有循环都是递归完成的。递归使代码更易理解，因为它是以多次在较小的输入上重复相同的操作为基础的。清单 3.10 中的递归解决方案使用 Lodash 的 _.first 和 _.rest 函数分别访问数组的第一个元素和剩余元素。

清单 3.10 递归求和

```
function sum(arr) {
    if(_.isEmpty(arr)) {            ← 基例(终止
        return 0;                     条件)
    }
    return _.first(arr) + sum(_.rest(arr));   ← 递归条件：使用更小一些的输
}                                               入集调用自身。这里通过_.first
sum([]); //-> 0                                 和_.rest 缩减输入集
sum([1,2,3,4,5,6,7,8,9]); //->45
```

空数组会满足基例，返回 0。而对于非空数组，就会继续将第一个元素与数组的其余部分递归地求和。从底层来看，递归调用会在栈中不断堆叠。当算法满足终止条件时，运行时就会展开调用栈并执行加操作，因此所有返回语句都将被执行。递归就是通过语言运行时这种机制代替了循环。以下是算法实现的步骤视图：

```
1 + sum[2,3,4,5,6,7,8,9]
1 + 2 + sum[3,4,5,6,7,8,9]
1 + 2 + 3 + sum[4,5,6,7,8,9]
1 + 2 + 3 + 4 + sum[5,6,7,8,9]
1 + 2 + 3 + 4 + 5 + sum[6,7,8,9]
1 + 2 + 3 + 4 + 5 + 6 + sum[7,8,9]
1 + 2 + 3 + 4 + 5 + 6 + 7 + sum[8,9]
1 + 2 + 3 + 4 + 5 + 6 + 7 + 8 + sum[9]
1 + 2 + 3 + 4 + 5 + 6 + 7 + 8 + 9 + sum[]
1 + 2 + 3 + 4 + 5 + 6 + 7 + 8 + 9 + 0    -> halts, stack unwinds
1 + 2 + 3 + 4 + 5 + 6 + 7 + 8 + 9
1 + 2 + 3 + 4 + 5 + 6 + 7 + 17
1 + 2 + 3 + 4 + 5 + 6 + 24
1 + 2 + 3 + 4 + 5 + 30
1 + 2 + 3 + 4 + 35
1 + 2 + 3 + 39
1 + 2 + 42
1 + 44
45
```

看到这里，自然要考虑一下递归和迭代的性能问题。毕竟，编译器在处理循环的优化问题上是非常强大的。JavaScript 的 ES6 带来了一种称之为**尾调用优化**的优化功能，可以使递归和迭代的性能表现更加接近。考虑一个稍微有所不同的 sum 实现：

```
function sum(arr, acc = 0) {
   if(_.isEmpty(arr)) {
      return 0;
   }
   return sum(_.rest(arr), acc + _.first(arr));    <—— 发生在尾部的
}                                                       递归调用
```

这个版本的实现将递归调用作为函数体中最后的步骤，也就是**尾部位置**。在第 7 章讨论函数式优化问题时，我们会探索这样做的好处。

3.5.3 递归定义的数据结构

读者可能想知道 person 对象示例数据中的那些名字。20 世纪 20 年代，函数式编程（lambda 演算、范畴论等）背后的数学社区非常活跃。大部分发表的研究成果都是融合一些由 Alonzo Church 这样的知名大学教授提出的思想和定理。事实上，许多数学家，如 Barkley Rosser、Alan Turing 和 Stephen Kleene 等，都是 Church 的博士生。后来他们也有了自己的博士生。图 3.8 为这种师徒关系（的一部分）的示意图。

这种结构在软件中是很寻常的，它可用于建模 XML 文档、文件系统、分类法、种别、菜单部件、逐级导航、社交图谱等，所以学习如何处理它们至关重要。图 3.8 显示了一组节点，其连线表示了导师-学生这一关系。到目前为止，本书已经利用函数式技术解析过一些扁平化的数据结构，如数组。但这些操作对树形数据是无效的。因为

JavaScript 没有内置的树型对象，所以需要基于节点创建一种简单的数据结构。**节点**是一种包含了当前值、父节点引用以及子节点数组的对象。在图 3.8 中，Rosser 的父节点是 Church，其子节点有 Mendelson 和 Sacks。如果一个节点没有父节点，比如 Church，则被称为根节点。以下是节点类型的定义，代码如清单 3.11 所示。

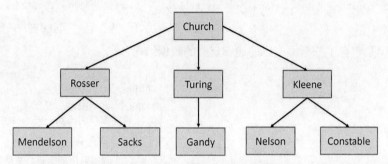

图 3.8   函数式编程发展历程中具有杰出贡献和影响力的数学家。树形结构中从父节点到子节点的连线代表了"是其学生"这种关系

清单 3.11   节点对象

```
class Node {
    constructor(val) {
        this._val = val;
        this._parent = null;
        this._children = [];
    }

    isRoot() {                          之前创建
        return isValid(this._parent);   的函数
    }

    get children() {
        return this._children;
    }
    hasChildren() {
        return this._children.length > 0;
    }

    get value() {
        return this._val;
    }

    set value(val) {                    设置父
        this._val = val;                节点
    }
                                        将孩子节点加入
                                        孩子列表中
    append(child) {
        child._parent = this;
        this._children.push(child);
        return this;                    返回该节点（便于
    }                                   方法级联）
    toString() {
```

```
      return `Node (val: ${this._val}, children:
          ${this._children.length})`;
    }
}
```

可以这样创建一个新节点：

```
const church = new Node(new Person('Alonzo', 'Church', '111-11-1111'));//
```
重复树中的所有节点

树是包含了一个根节点的递归定义的数据结构：

```
class Tree {
    constructor(root) {
        this._root = root;
    }

    static map(node, fn, tree = null) {
        node.value = fn(node.value);
        if(tree === null) {
            tree = new Tree(node);
        }

        if(node.hasChildren()) {
            _.map(node.children, function (child) {
                Tree.map(child, fn, tree);
            });
        }
        return tree;
    }
    get root() {
        return this._root;
    }
}
```

使用静态方法以免与 Array.prototype.map 混淆。静态方法也能像单例函数一样高效

调用遍历器函数，并更新树中的节点值

与 Array.prototype.map 类似。结果是一个新的结构

如果节点没有孩子，则返回（基例）

将函数应用到每一个孩子节点

递归地调用每一个孩子节点

节点的主要逻辑在于 append 方法。要给一个节点追加一个子节点，需要将该节点设置为子节点的 parent 引用，并把子节点添加至该节点的子节点列表中。通过从根部不断地将节点链接到其他子节点来填充一棵树，由 church 开始：

```
church.append(rosser).append(turing).append(kleene);
kleene.append(nelson).append(constable);
rosser.append(mendelson).append(sacks);
turing.append(gandy);
```

每个节点都包裹着一个 person 对象。递归算法执行整个树的先序遍历，从根开始并且下降到所有子节点。由于其自相似性，从根节点遍历树和从任何节点遍历子树是完全一样的，这就是递归定义。为此，可以使用与 Array.prototype.map 语义类似的高阶函数 Tree.map——它接收一个对每个节点求值的函数。可以看出，无论用什么

数据结构来建模（这里是树形数据结构），该函数的语义应该保持不变。从本质上讲，任何数据类型都可以使用 map 并保持其结构不变。本书第 5 章会更正式地介绍这种保持数据结构的映射函数。

树的先序遍历按照以下步骤执行，从根节点开始。

1）显示根元素的数据部分。

2）通过递归地调用先序函数来遍历左子树。

3）以相同的方式遍历右子树。

图 3.9 显示了算法采用的路径。

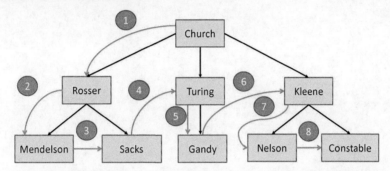

图 3.9　递归的先序遍历，从根节点开始，一直向左下降，然后再向右移动

函数 Tree.map 有两个必需的输入：根节点（即树的开始）以及转换每个节点数值的迭代函数：

```
Tree.map(church, p => p.fullname);
```

它以先序方式遍历树，并将给定的函数应用于每个节点，输出以下结果：

```
'Alonzo Church', 'Barkley Rosser', 'Elliot Mendelson', 'Gerald Sacks', 'Alan
Turing', 'Robin Gandy', 'Stephen Kleene', 'Nels Nelson', 'Robert Constable'
```

在操作不可变、无副作用的数据类型时，封装数据以控制其访问的思想是函数式编程的关键。本书第 5 章将进一步介绍这一思想。解析数据结构是软件和函数式编程最基本的方面之一。本章更深入地探讨了利用可扩展函数库（即 Lodash）中的函数式特性来进行函数式风格的 JavaScript 开发。这种风格有利于流式建模，将包含业务逻辑的高阶操作连接在一起，从而达到最终的业务目的。

不可否认的是，编写流式风格的代码也有利于可重用性和模块化，但目前的讨论还比较浅显。本书第 4 章更深入地介绍流式编程，将重点放在构建真正的函数管道上。

3.6　总结

- 使用 map、reduce 和 filter 等高阶函数来编写高可扩展的代码。

- 使用 Lodash 进行数据处理，通过控制链创建控制流与数据变换明确分离的程序。
- 使用声明式的函数式编程能够构建出更易理解的程序。
- 将高阶抽象映射到 SQL 语句，从而深刻地认识数据。
- 递归能够解决自相似问题，并解析递归定义的数据结构。

第 4 章 模块化且可重用的代码

本章内容

- 函数链与函数管道的比较
- Ramda.js 函数库
- 柯里化、部分应用（partial application）和函数绑定
- 通过函数式组合构建模块化程序
- 利用函数组合子增强程序的控制流

> 一个复杂的工作系统总是从一个简单的系统发展而来的。
>
> —— John Gall，《The System Bible》（General Systemantics Press，2012 年）

模块化是大型软件项目最重要的特性之一，它代表了将程序分成较小独立部分的程度。模块化程序的独特之处在于，其含义来自于其组成部分的性质。这些部分（或称为子程序）都是可重复使用的组件，并可以合并为一个系统整体或单独在其他系统中使用。这使代码更加可读和可维护，同时使开发更加高效。举一个简单的例子，UNIX 脚本程序的编写：

```
tr 'A-Z' 'a-z' <words.in | uniq | sort
```

即便没有 UNIX 编程的经验，也可以清楚地看到，这行代码包括对字符的一系列变换：将大写转换为小写，删除重复字符，最终进行排序。管道操作符"|"用于连接这些命令。令人惊奇的是，通过明确地描述命令输入和输出的约定，一些小程序就可以合在一起来解决更为复杂的任务。假设用传统的命令式 JavaScript 来编写这个程序，可能需要几个循环、字符串比较，或许还需要一些条件语句以及一些全局变量来记录状态。

这应该不是很模块化的，对吧？在编程中，开发者倾向于先将问题分解成较小的部分，再重建这些部分以形成整体的解决方案。

第 3 章通过一个被包裹对象上的紧耦合级联方法链解决了类似的问题。本章将进一步扩展该思路，通过函数组合创建松耦合的管道，以便能够使用独立组件更灵活地构建整个程序。这些组件可以像函数一样小，也可以像整个模块一样大。分开来看，它们并没有太大的价值，但组合在一起就会颇具意义。

创建模块化的代码也不是一件很容易的事情。本章将借助 Ramda.js 函数框架来了解一些重要的函数式技术，如部分求值和组合，通过将代码抽象到合理的层次，以便构建出一种声明式管道的 point-free 风格的解决方案。

4.1 方法链与函数管道的比较

第 3 章提到了连接一系列函数的方法链，从而揭示了一种与众不同的函数式编程风格。还有一种称为**管道**的方法也可以用来连接函数。

函数的输入和输出对于了解函数本身是十分重要的。Haskell 中使用一种符号来描述函数，这常见于各种地方，例如一些函数式社区（见图 4.1）。

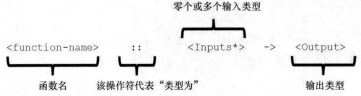

图 4.1 Haskell 中定义函数的符号。该符号先给出了函数的名称，
随后用一个操作符来设置函数的输入和输出类型

请记住，在函数式编程中，函数是输入和输出类型之间的数学映射，如图 4.2 所示。举例来说，一个简单的函数，如 isEmpty，它接收一个字符串并返回一个布尔值，使用该符号表示如下：

```
isEmpty :: String -> Boolean
```

该函数是所有 String 类型输入值到所有 Boolean 值之间的引用透明映射。该函数 JavaScript 的 lambda 描述形式如下：

```
// isEmpty :: String -> Boolean
const isEmpty = s => !s || !s.trim();
```

了解函数作为类型映射的性质是理解如何将函数链接和管道化的关键。

- 方法链接（紧耦合，有限的表现力）。
- 函数的管道化（松耦合，灵活）。

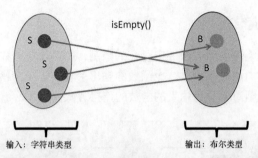

图 4.2 函数 **isEmpty** 是所有 String 类型输入值的集合到所有 Boolean 类型输出值的集合之间的引用透明映射

4.1.1 方法链接

回想一下，在第 3 章中，map 和 filter 函数都以一个数组作为输入并返回一个新的数组。这些函数都可以通过 Lodash 封装的隐式对象紧密地连接在一起，从而在后台实现对新数据结构的创建。这是第 3 章中的一个例子：

```
_.chain(names)
    .filter(isValid)
    .map(s => s.replace(/_/, ' '))
    .uniq()
    .map(_.startCase)
    .sort()
    .value();
```

← 每一个"点"后只能调用 Lodash 提供的方法

比较命令式代码，这的确是一个能够极大提高代码可读性的语法改进。然而，它与方法所属的对象紧紧地耦合在一起，限制链中可以使用的方法数量，也就限制了代码的表现力。这样就只能够使用由 Lodash 提供的操作，而无法轻松地将不同函数库的（或自定义的）函数连接在一起。

注意 尽管使用 mixin 的方法可以扩展一个对象的功能，但这就需要自己去管理 mixin 对象本身。本书并未过多涉及 mixin 的讨论，但读者可以在《重新审视的 JavaScript Mixins》（Angus Croll，2011 年 5 月 30 日，http://mng.bz/15Zj）一书中了解更多。

从高阶函数角度来看，可以一组对数组操作的简单方法序列表示为图 4.3 所示的形式。打破函数链的约束就能够自由地排列所有独立的函数操作，而可以使用函数管道来实现这一目的。

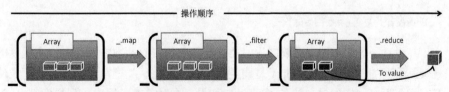

图 4.3 数组的方法链需要通过调用所属对象中的方法来实现。而从内部来看，每个方法都会返回一个含有调用结果的新数组

4.1.2　函数的管道化

函数式编程能够消除方法链中存在的限制，使得任何函数的组合都更加灵活。管道是松散结合的有向函数序列，一个函数的输出会作为下一个函数的输入。图 4.4 抽象地说明了以不同类型对象作为输入的函数的连接方式。

图 4.4　函数管道始于具有类型 A 参数的函数 f，产生一个类型 B 的对象，
随后按序传入函数 g，并以输出的类型 C 对象作为最终结果。函数
f 和 g 既可以来自于任何函数库，也可以是自定义的函数

本章将介绍如何将函数调用组织成图 4.4 所示的简洁高阶函数管道。如果觉得该图表很熟悉，那是因为该模式就是许多企业应用程序中都能够看到的面向对象设计模式中的管道与过滤器模式，它是从函数式编程衍变而来的（其中的过滤器就是各个函数）。

比较图 4.3 和图 4.4 就会发现一个关键的区别：方法链接通过对象的方法紧密连接；而管道以函数作为组件，将函数的输入和输出松散地连接在一起。但是，为了实现管道，被连接的函数必须在元数（arity）和类型上相互兼容。

4.2　管道函数的兼容条件

面向对象的编程在一些特定情况下（其中之一是认证与授权）偶尔会使用管道。而函数式编程将管道视为构建程序的唯一方法。通常来说，对于不同的任务，问题的定义与解决方案间总是存在很大的差异。因此，特定的计算必须在特定的阶段进行。这些阶段由不同的函数表征，而所选函数的输入和输出需要满足以下两个兼容条件。

- 类型 —— 函数的返回类型必须与接收函数的参数类型相匹配。
- 元数 —— 接收函数必须声明至少一个参数才能处理上一个函数的返回值。

4.2.1　函数的类型兼容条件

在设计函数管道时，函数的返回类型与函数的接收参数之间具有一定程度的兼容性是极其重要的。由于 JavaScirpt 是弱类型语言，因此从类型角度来看，无须像使用一些静态类型语言一样太过关注类型。因此，如果一个对象在应用中表现得像某个特定类型，那么它就是该类型。这也被称为鸭子类型："如果走起来像鸭子，并且像鸭子一样叫，那这就是一只鸭子。"

注意 静态类型语言的优势是使用类型系统在无须运行代码的情况下发现潜在的问题。类型系统是函数式编程中的一个重要课题，但本书不会涉及。

JavaScript 的动态调度机制会尝试在对象中查找属性与方法，而不关注类型信息。虽然这非常灵活，但开发者仍然需要了解一个函数所期望的参数类型。使用清晰的定义（例如在代码中使用 Haskell 符号标记）可以使程序更易理解。

正式地讲，仅当 f 的输出类型等同于函数 g 的输入时，两个函数 f 和 g 是类型兼容的。举例来说，一个处理学生社会安全号码的简单程序：

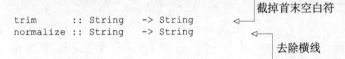

```
trim      :: String   -> String        截掉首末空白符
normalize :: String   -> String
                                        去除横线
```

此时，`normalize` 的输入与 `trim` 的输出服从兼容性的对应关系，因此可以像清单 4.1 所示的代码一样，在一个简单的管道序列中调用它们。

清单 4.1 使用 `trim` 和 `normalize` 手动构建函数管道

```
// trim :: String -> String
const trim = (str) => str.replace(/^\s*|\s*$/g, '');

// normalize :: String -> String
const normalize = (str) => str.replace(/\-/g, '');

normalize(trim(' 444-44-4444 ')); //-> '444444444'
```

手动构建系列管道调用两个函数（之后会涉及如何自动化这一过程）。使用带有首末空白符的输入测试

类型固然重要，但在 JavaScript 中，更关键的是函数元数的兼容性。

4.2.2 函数与元数：元组的应用

元数定义为函数所接收的参数数量，也被称为函数的长度（length）。尽管在其他编程范式中，元数是最基本的，但在函数式编程中，引用透明的必然结果就是，声明的函数参数数量往往与其复杂性成正比。例如，操作一个字符串的函数很可能比具有 3 个或 4 个参数的函数简单得多：

```
// isValid :: String -> Boolean
function isValid(str) {
    ...                              使用简单
}

// makeAsyncHttp:: String, String, Array -> Boolean
function makeAsyncHttp (method, url, data) {
    ...                              难以使用，因为必须
                                     先计算出所有参数
}
```

只具有单一参数的纯函数是最简单的，因为其实现目的非常单纯，也就意味着职责单一。因此，应该尽可能地使用具有少量参数的函数，这样的函数更加灵活和通用。然而，总是使用一元函数并非那么容易。例如，在真实世界中，isValid 函数可能会额外返回一个描述错误信息的值：

```
isValid :: String -> (Boolean, String)

isValid(' 444-444-44444'); //-> (false, 'Input is too long!')
```

← 返回含有验证状态或错误信息的结构体

但如何返回两个不同的值呢？函数式语言通过一个称为**元组**的结构来做到这一点。元组是有限的、有序的元素列表，通常由两个或三个值成组出现，记为 (a，b，c)。由此，可以使用一个元组作为 isValid 函数的返回值——它将状态与可能的错误消息捆绑，作为单个实体返回，并随后传递到另一个函数中（如果需要的话）。下面详细探讨一下元组。

元组是不可变的结构，它将不同类型的元素打包在一起，以便将它们传递到其他函数中。将数据打包返回的方式还包括字面对象或数组等：

```
return {
    status : false,              or return [false, 'Input is too long!'];
    message: 'Input is too long!'
};
```

但当涉及函数间的数据传输时，元组能够具有更多的优点。

- 不可变的——一旦创建，就无法改变一个元组的内部内容。
- 避免创建临时类型——元组可以将可能毫不相关的数据相关联。而定义和实例化一些仅用于数据分组的新类型使得模型复杂并令人费解。
- 避免创建异构数组——包含不同类型元素的数组使用起来颇为困难，因为会导致代码中充满大量的防御性类型检查。传统上，数组意在存储相同类型的对象。

此外，元组的行为与第 2 章中显示的数值对象极为相似。一个具体的用例是 Status，它是一个包含状态标志和一条消息的简单数据类型：(false，'Some error occurred!')。与其他函数式语言（如 Scala）不同，JavaScript 并不原生地支持 Tuple 数据类型。例如，给定一个 Scala 中的元组定义：

```
var t = (30, 60, 90)
```

可以像这样访问各个元素：

```
var sumAnglesTriangle = t._1 + t._2 + t._3 = 180
```

但是，JavaScript 已经提供了实现元组所需的所有工具，如清单 4.2 所示。

清单 4.2 **Tuple** 数据类型

读取参数作为元组的元素类型

提取参数作为元组内的值

```
const Tuple = function( /* types */ ) {

  const typeInfo = Array.prototype.slice.call(arguments, 0);

  const _T = function( /* values */ ) {

    const values = Array.prototype.slice.call(arguments, 0);

    if(values.some((val) =>
        val === null || val === undefined)) {
      throw new ReferenceError('Tuples may not have
        any null values');
    }

    if(values.length !== typeInfo.length) {
      throw new TypeError('Tuple arity does not
        match its prototype');
    }

    values.map(function(val, index) {
        this['_' + (index + 1)] = checkType(typeInfo[index])(val);
      }, this);
    Object.freeze(this);
  };

  _T.prototype.values = function() {
      return Object.keys(this).map(function(k)
          return this[k];
        }, this);
  };
  return _T;
;
```

声明内部类型_T，以保障类型与值匹配

检查非空值。函数式数据类型不允许空值

按照定义类型的个数检查元组的元数

让元组实例不可变

提取元组中的元素，也可以使用 ES6 的解构赋值把元素赋值到变量上

使用 checkType 检查每一个值都能匹配其类型定义。其中的元素都可以通过_n 获取，n 为元素的索引（注意是从 1 开始）

　　清单 4.2 中定义的元组对象是不可变且长度固定的数据结构，是可用于在函数间通讯的存储了 n 个不同类型值的异构集合。举例来说，可以用元组来快速构建如 Status 这样的值对象：

```
const Status = Tuple(Boolean, String);
```

　　下面利用元组来完成学生的 SSN 验证，代码如清单 4.3 所示。

清单 4.3 使用了元组的 **isValid** 函数

```
// trim :: String -> String
const trim = (str) => str.replace(/^\s*|\s*$/g, '');
```

```
// normalize :: String -> String
const normalize = (str) => str.replace(/\-/g, '');

// isValid :: String -> Status
const isValid = function (str) {
    if(str.length === 0){
        return new Status(false,
            'Invald input. Expected non-empty value!');
    }
    else {
        return new Status(true, 'Success!');
    }
}

isValid(normalize(strim('444-44-4444'))); //-> (true, 'Success!')
```

声明包含状态（Boolean）
和消息（String）的类型
Status

在软件开发过程中，二元组出现得非常频繁，将其设定为一等的对象非常具有实际意义。在 JavaScript ES6 解构赋值特性的支持下，可以简明地将元组值映射到变量中。清单 4.4 所示的代码使用元组创建了一个名为 StringPair 的对象。

清单 4.4 StringPair 类型

```
const StringPair = Tuple(String, String);
const name = new StringPair('Barkley', 'Rosser');

[first, last] = name.values();
first; //-> 'Barkley'
last; //-> 'Rosser'

const fullname = new StringPair('J', 'Barkley', 'Rosser');
```

抛出元素不匹配的错误

元组是减少函数元数的方式之一，但还可以使用更好的方式去应对那些不适于元组的情况。通过引入函数柯里化不仅可以降低元数，还可以增强代码的模块化和可重用性。

4.3 柯里化的函数求值

将函数的返回值作为参数传递给一元函数是十分容易的，但如果目标函数需要更多参数呢？为了理解 JavaScript 的柯里化，首先必须了解柯里化的求值和常规（非柯里化的）求值之间的区别。JavaScript 是允许在缺少参数的情况下对常规或非柯里化函数进行调用的。换句话说，如果定义一个函数 f(a, b, c)，并只在调用时传递 a，JavaScript 运行时的调用机制会将 b 和 c 设为 undefined，如图 4.5 所示。这并不是一件好事，也是 JavaScript 语言不能原生支持柯里化的最有可能的原因。可以想象，如果在函数声明时不定义任何参数，而仅依赖于函数中的 arguments 对象，则会使问题变得更糟。

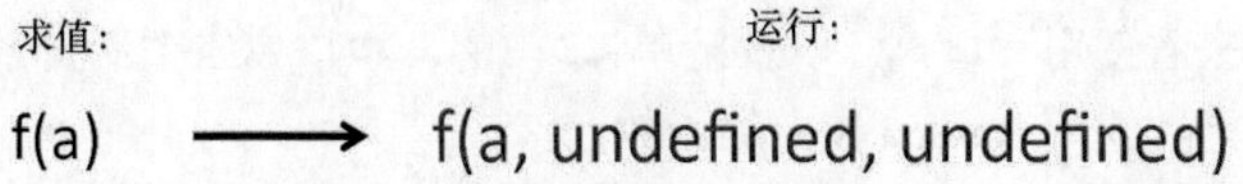

求值: 运行:

$$f(a) \longrightarrow f(a, \text{undefined}, \text{undefined})$$

图 4.5 在缺少参数的情况下调用非柯里化函数会导致缺失参数的实参变成 **undefined**

再看柯里化函数，它要求所有参数都被明确地定义，因此当使用部分参数调用时，它会返回一个新的函数，在真正运行之前等待外部提供其余的参数。图 4.6 能够直观地表现这一点。

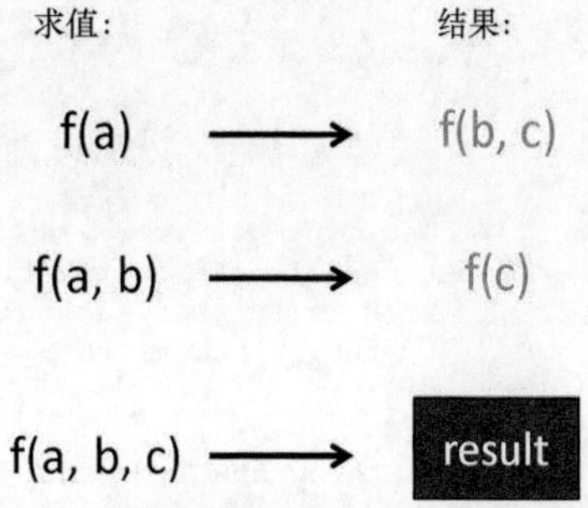

柯里化是一种在所有参数被提供之前，挂起或"延迟"函数执行，将多参函数转换为一元函数序列的技术。具有三个参数的柯里化函数的定义如下：

求值: 结果:

$$f(a) \longrightarrow f(b, c)$$

$$f(a, b) \longrightarrow f(c)$$

$$f(a, b, c) \longrightarrow \boxed{\text{result}}$$

```
curry(f) :: (a,b,c) -> f(a) -> f(b)-> f(c)
```

图 4.6 柯里化函数 **f** 的求值。只有提供了所有参数，该函数才会输出具体的结果，否则它会返回另一个等待参数传递的函数

以上符号描述表明，curry 是一种从函数到函数的映射，将输入 (a，b，c) 分解为多个分离的单参数调用。在纯函数式编程语言中（如 Haskell），柯里化是原生特性，是任何函数定义中的组成部分。由于 JavaScript 本身不支持自动柯里化函数，因此需要编写一些代码来启用它。在了解自动柯里化之前，让我们先从二元参数的手动柯里化例子开始，代码如清单 4.5 所示。

清单 4.5 二元参数的手动柯里化

```
function curry2(fn) {
    return function(firstArg) {
        return function(secondArg) {
            return fn(firstArg, secondArg);
        };
    };
}
```

第一次调用 curry2，获得第一个参数

第二次调用获得第二个参数

将两个参数应用到函数 fn 上

如上所示，柯里化是一种词法作用域（闭包），其返回的函数只不过是一个接收后续参数的简单嵌套函数包装器。以下是一个简单应用：

```
const name = curry2(function (last, first) {
    return new StringPair('Barkley', 'Rosser');
});

[first, last] = name('Curry')('Haskell').values();
first;//-> 'Curry'
last; //-> 'Haskell'

name('Curry'); //-> Function
```

当给定两个参数时，函数会完全求值

当只提供一个参数时，返回一个函数，而不是将第二个参数当作 undefined

下面再来看使用 curry2 以及清单 4.2 中的 Tuple 类型实现一个 checkType 函数。这次会用到函数式库 Ramda.js 中的函数。

> **另一个函数库？**
>
> 　　像 Lodash 一样，Ramda.js 拥有众多可用于连接函数式程序的有用函数，并且对纯函数式编码风格提供了支持。之所以使用它，是因为可以很容易地实现参数柯里化、惰性应用和函数组合（参见本章后面的内容）。有关使用 Ramda 的更多详细信息，请参阅附录。

安装完毕后，就可以使用全局变量 R 来访问其所有功能，例如 R.is：

```
// checkType :: Type -> Type -> Type | TypeError
const checkType = curry2(function(typeDef, actualType) {
    if(R.is(typeDef, actualType)) {          ◁── 使用 R.is()检查类
        return actualType;                        型信息
    }
    else {
        throw new TypeError('Type mismatch.
            Expected [' + typeDef + '] but found
                [' + typeof actualType + ']');
    }
});

checkType(String)('Curry');      //-> String
checkType(Number)(3);            //-> Number
checkType(Date)(new Date());     //-> Date
checkType(Object)({});           //-> Object
checkType(String)(42);           //-> Throws TypeError
```

curry2 能够胜任简单的任务，但是当构建更复杂的功能时，就需要能够自动处理任意数量参数的柯里化函数。通常会介绍函数的内部实现，但由于 curry 是一个很长且复杂的函数，因此与其去解释它令人头疼的实现，不如讨论更为有用的东西（读者可以在 Lodash 和 Ramda 中找到 curry 及其另两个版本 curryRight 和 curryN 的实现）。

可以使用 R.curry 对任意数量参数的函数进行自动的柯里化。可以将自动柯里化想象为基于声明参数的数量人工创建对应嵌套函数作用域的过程。柯里化 fullname 函数如下所示：

```
// fullname :: (String, String) -> String
const fullname = function (first, last) {
    ...
}
```

多个参数会被通过如下形式转换成多个一元函数：

```
// fullname :: String -> String -> String
const fullname =
    function (first) {
        return function (last) {
            ...
        }
    }
```

现在来看一些柯里化的实际应用。尤其是，它可以用于实现以下两种流行的设计模式。

■ 仿真函数接口。

■ 实现可重用模块化函数模板。

4.3.1 仿真函数工厂

在面向对象世界中，接口是用于定义子类必须实现的契约抽象类型。如果创建的接口包含函数 findStudent(SSN)，那么实体类必须实现此函数。下面这段"简短的" Java 示例代码说明了这一点：

```java
public interface StudentStore {
    Student findStudent(String ssn);
}

public class DbStudentStore implements StudentStore {
    public Student findStudent(String ssn) {
        // ...
        ResultSet rs = jdbcStmt.executeQuery(sql);
        while(rs.next()){
            String ssn = rs.getString("ssn");
            String name = rs.getString("firstname") +
                rs.getString("lastanme");
            return new Student(ssn, name);
        }
    }
}

public class CacheStudentStore implements StudentStore {
    public Student findStudent(String ssn) {
        // ...
        return cache.get(ssn);
    }
}
```

这段代码很冗长（不过 Java 就是这么啰嗦！）。这段代码显示了同一个接口的两个实现：一个从数据库读取；另一个从缓存读取。但是从调用代码的角度来看，它只关心方法的调用而并不关心来自哪个对象。这就是面向对象设计模式中工厂方法模式的美妙之处。只要使用一个函数工厂就可以了：

```javascript
StudentStore store = getStudentStore();
store.findStudent("444-44-4444");
```

当然，函数式编程的实现是不容错过的，其解决方案就是柯里化。通过分别创建在存储数据和数组中查找学生对象的函数，就能够将这段 Java 代码翻译为 JavaScript：

```javascript
// fetchStudentFromDb :: DB -> (String -> Student)
const fetchStudentFromDb = R.curry(function (db, ssn) {    ←── 在DB对象
    return find(db, ssn);                                         中查找
});
```

```
// fetchStudentFromArray :: Array -> (String -> Student)
const fetchStudentFromArray = R.curry(function (arr, ssn) {
    return arr[ssn];
});
```

在数组中
查找

由于这两个函数都是柯里化的，因此可以使用一个通用工厂方法 findStudent 将函数的定义与求值分离，而其具体的实现细节可能是任意一个查找函数：

```
const findStudent = useDb ? fetchStudentFromDb(db)
                          : fetchStudentFromArray(arr);

findStudent('444-44-4444');
```

现在，findStudent 可以传递给其他模块，而其调用者无须了解其具体实现（这对于第 6 章单元测试中模拟与对象存储交互的讨论至关重要）。从可重用的角度来看，柯里化也能够帮助开发者创建函数模板。

4.3.2　创建可重用的函数模板

假设开发者需要配置不同的日志函数来处理应用程序中的不同状态，比如错误、警告以及调试信息等。函数模板会根据创建时的参数数量来定义一系列的相关函数。本节例子中将使用流行的 JavaScript 库 Log4js——一个远远优于传统 console.log 的日志框架。读者可以在附录中找到其安装信息。以下是一些基本设置：

```
const logger = new Log4js.getLogger('StudentEvents');
logger.info('Student added successfully!');
```

在 Log4js 的辅助下，还可以做到更多。假设需要在弹出的窗口中显示消息，可以通过配置一个 appender 来实现：

```
logger.addAppender(new Log4js.JSAlertAppender());
```

也可以通过配置一个布局，使其输出 JSON 而不是纯文本格式：

```
appender.setLayout(new Log4js.JSONLayout());
```

开发者可能设置很多的配置，而将这些代码复制并粘贴到每个文件中会导致大量重复。使用柯里化来定义一个可重用的函数模板（如清单 4.6 所示的日志函数模板），将带来最大的灵活性和重用性。

清单 4.6　创建一个日志函数模板

```
const logger = function(appender, layout, name, level, message) {
    const appenders = {
        'alert': new Log4js.JSAlertAppender(),
        'console': new Log4js.BrowserConsoleAppender()
    };
    const layouts = {
        'basic': new Log4js.BasicLayout(),
        'json': new Log4js.JSONLayout(),
        'xml' : new Log4js.XMLLayout()
```

预设 appenders

预设布局
layouts

```
    };
    const appender = appenders[appender];
    appender.setLayout(layouts[layout]);
    const logger = new Log4js.getLogger(name);        使用配置好的
    logger.addAppender(appender);                      logger 打印消息
    logger.log(level, message, null);          ◁
};
```

通过柯里化 `logger`，可以集中管理和重用适用于任何场合的日志配置：

```
const log = R.curry(logger)('alert', 'json', 'FJS');     ◁      只会应用第一个参
                                                                数到函数 logger
log('ERROR', 'Error condition detected!!');

// -> this will popup an alert dialog with the requested message
```

如果要在一个函数或文件中记录多条错误日志，可以灵活地设置除最后一个参数之外的其他参数：

```
const logError = R.curry(logger)('console', 'basic', 'FJS', 'ERROR');
logError('Error code 404 detected!!');
logError('Error code 402 detected!!');
```

　　curry 函数的后续调用在后台被执行，最终生产一个一元函数。事实上，可以通过现有的函数创建新函数，并将任意数量的参数传递给它们，从而逐步实现函数构建。

　　除了能够有效提升代码的可重用性之外，将多元函数转换为一元函数才是柯里化的主要动机。柯里化的可替代方案是部分应用和函数绑定，它们受到 JavaScript 语言的适度支持，以产生更小的功能，在插入功能管道时也能很好地工作。

4.4　部分应用和函数绑定

　　部分应用是一种通过将函数的不可变参数子集初始化为固定值来创建更小元数函数的操作。简单来说，如果存在一个具有五个参数的函数，给出三个参数后，就会得到一个、两个参数的函数。

　　和柯里化一样，部分应用也可以用来缩短函数的长度，但又稍有不同。因为柯里化的函数本质上是部分应用的函数，所以这两种技术往往会被互相混淆。它们的主要区别在于参数传递的内部机制与控制。

- 柯里化在每次分步调用时都会生成嵌套的一元函数。在底层，函数的最终结果是由这些一元函数的逐步组合产生的。同时，curry 的变体允许同时传递一部分参数。因此，可以完全控制函数求值的时间与方式。

- 部分应用将函数的参数与一些预设值绑定（赋值），从而产生一个拥有更少参数的新函数。该函数的闭包中包含了这些已赋值的参数，在之后的调用中被完全求值。

现在，既然已经明确两者的不同，下面继续研究 partial 函数可能的实现方式，

如清单 4.7 所示。

清单 4.7 partial 的函数实现

使用部
分应用
的参数
创建新
的函数

```
function partial() {
    let fn = this, boundArgs = Array.prototype.slice.call(arguments);
    let placeholder = <<partialPlaceholderObj>>;
    let bound = function () {
        let position = 0, length = args.length;
        let args = Array(length);
        for (let i = 0; i < length; i++) {
            args[i] = boundArgs[i] === placeholder
                ? arguments[position++] : boundArgs[i];
        }

        while (position < arguments.length) {
            args.push(arguments[position++]);
        }
        return fn.apply(this, args);
    }

    return bound;
});
```

库中的具体占位符实现，
像 Lodash 会使用下画线
对象作为占位符。其他的
实现使用 undefined 来表
示应该略过该参数

使用 fn.apply()
给定函数合适
的上下文，并
将参数列表应
用到函数的参
数上

其中 placeholder 对象略
过了定义函数的参数

对于部分应用和函数绑定的讨论，再次使用 Lodash，因为它对函数绑定提供了比 Ramda 更好的支持。然而从表面来看，_.partial 与 R.curry 的使用方式非常相似，并且都支持使用各自的占位符对象对参数进行占位。应用于之前看到的 logger 函数，就通过部分应用部分参数来创建更具体的行为：

```
const consoleLog = _.partial(logger, 'console', 'json', 'FJS Partial');
```

下面用该函数加强对 curry 与 partial 之间差异的认识。在应用了三个参数之后，生成的 consoleLog 函数会在调用时接收另外的两个参数（一次性的，而不是一步一步地传入）。与柯里化不同，只使用一个参数调用 consoleLog 并不会返回一个新的函数，而是会以 undefined 作为最后一个参数来执行。但是，可以像下面这样继续使用 _.partial 将部分参数应用于 consoleLog：

```
const consoleInfoLog = _.partial(consoleLog, 'INFO');
consoleInfoLog('INFO logger configured with partial');
```

柯里化是一种部分应用的自动化使用方式，这是它与 partial 本身的主要区别。另一种类似的 JavaScript 原生技术称为函数绑定，即 Function.prototype.bind()[1]。但其作用与 partial 有所不同：

```
const log =_.bind(logger, undefined, 'console', 'json', 'FJS Binding');
log('WARN', 'FP is too awesome!');
```

_.bind 的第二个参数 undefined 是什么呢？使用绑定能够创建绑定函数，该函

---

[1] 请参阅 "Function.prototype.bind()"，Mozilla 开发者网络，http://mng.bz/MY75。

数可在一个所属对象的上下文中执行（传递 `undefined` 表示该函数将在全局作用域中运行）。来看看 `_.partial` 和 `_.bind` 的一些实际用途：

- 核心语言扩展。
- 惰性函数绑定。

4.4.1　核心语言扩展

在增强语言的表现力方面，部分应用可用于扩展如 `String` 或 `Number` 这样的核心数据类型的实用功能。注意，如果语言中加入了可造成冲突的新方法，以这种方式扩展语言可能会使代码很难在平台升级的过程中移植。考虑下面的例子：

> 使用占位符，可以部分应用 substring 一个参数 0，从而创建期待一个偏移量参数的函数

```
// Take the first N characters
String.prototype.first = _.partial(String.prototype.substring, 0, _);

'Functional Programming'.first(3); // -> 'Fun'

// Convert any name into a Last, First format
String.prototype.asName =
    _.partial(String.prototype.replace, /(\w+)\s(\w+)/, '$2, $1');

'Alonzo Church'.asName(); //-> 'Church, Alonzo'
// Converts a string into an array
String.prototype.explode =
    _.partial(String.prototype.match, /[\w]/gi);

'ABC'.explode(); //-> ['A', 'B', 'C']

// Parses a simple URL
String.prototype.parseUrl = _.partial(String.prototype.match,
/(http[s]?|ftp):\/\/([^:\/\s]+)\.([^:\/\s]{2,5})/);

'http://example.com'.parseUrl(); // -> ['http', 'example', 'com']
```

> 部分应用参数来创建具体的行为
>
> 部分应用 match 方法，给定具体的正则表达式，得到能将字符串转换成数组的函数

在实现自己的函数之前，首先要进行存在性检查，以便适用于新的语言版本升级：

```
if(!String.prototype.explode) {
    String.prototype.explode = _.partial(String.prototype.match, /[\w]/gi);
}
```

在一些特定情况下，部分应用会失效，例如当用于（如 `setTimeout`）延迟函数时。这时就需要使用函数绑定来实现。

4.4.2　延迟函数绑定

当期望目标函数使用某个所属对象来执行时，使用函数绑定来设置上下文对象就变得尤为重要。例如，浏览器中的 `setTimeout` 和 `setInterval` 等函数，如果不将 `this` 的引用设为全局上下文，即 `window` 对象，是不能正常工作的。传递 `undefined` 在运

行时正确设置它们的上下文。例如, setTimeout 可用于创建一个简单的调度对象来执行延迟的任务。以下是使用 _.bind 和 _.partial 的示例:

```
const Scheduler = (function () {
    const delayedFn = _.bind(setTimeout, undefined, _, _);

    return {
      delay5:  _.partial(delayedFn, _, 5000),
      delay10: _.partial(delayedFn, _, 10000),
      delay:   _.partial(delayedFn, _, _)
    };
})();

Scheduler.delay5(function () {
    consoleLog('Executing After 5 seconds!')
});
```

　　使用 Scheduler, 可以将任何一段代码包含在函数体中延迟的执行 (运行时是无法确保计时器的精准的, 但这是另一个问题)。由于 bind 和 partial 都是返回另一个函数的函数, 因此可以很容易地嵌套使用。如前面的代码所示, 每一个延迟操作都基于函数绑定和部分应用函数的组合。在函数式编程中, 函数绑定并不像部分应用那么有用, 而且使用起来也比较投机, 因为它会重新设置函数的上下文。之所以在这里介绍它, 也只是为了防止读者在自学时陷入其中。

　　部分应用和柯里化都是十分有用的技术。柯里化技术使用得非常广泛, 通常用于创建可抽象函数行为的函数包装器, 可预设其参数或对其部分求值。其优势源于具有较少参数的纯函数比较多参数的函数更易使用。两种方法都有助于向函数提供正确的参数, 这样函数就不必在减少为一元函数时公然地访问其作用域之外的对象。这种分离参数获取逻辑的方式使得函数具有更好的可重用性。更重要的是, 它简化了函数的组合。

4.5　组合函数管道

　　在第 1 章中, 我们讨论了将问题分解成更小、更简单的子问题 (或子任务), 再将其组装起来以达到业务目标的重要性, 就像拼图中的一个个小块一样。函数式程序的目标就是找到那些可以被组合的结构, 这正是函数式编程的核心。现在读者应该明白了, 纯且无副作用的函数使得组合成为一种非常强大的技术。回想一下, 无副作用的函数不会依赖于任何外部数据。函数所需的一切都必须以参数的形式提供。而为了能够正确地使用组合, 所选的函数必须是无副作用的。

　　此外, 一个由纯函数构建的程序本身也是纯的, 因此能够进一步组合成更为复杂的解决方案, 而不会影响系统的其他部分。了解这一点非常重要, 因为这一思想将贯穿本书始终。因此, 在深入学习函数组合之前, 让我们通过一个在 HTML 页面中组合小部件的具体示例加深对其的理解。

4.5.1 HTML 部件的组合

组合的概念是很直观的，也不是函数式编程所独有的。看看 HTML 页面中的部件是如何组织的。复杂的部件都是由简单的部件组合而来，而反过来又可以用于构建更大的部件。例如，将 3 个输入文本组件与一个空容器组合起来可以得到一个简单的学生表单，如图 4.7 所示。

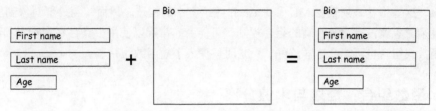

图 4.7 将 3 个简单的文本组件与一个空容器组合以创建一个简历表单组件

现在，学生表单也成为一个组件，可以与其他组件组合成更复杂的结构，从而一步步创建出一个完整的学生控制台表单（见图 4.8）。现在读者应该明白了，如果需要，学生控制台表单还可以添加到更复杂的信息面板中。在本例中，控制台表单是地址表单和简历表单的组合。具有简单行为（即没有外部依赖关系）的对象易于组合，可以用于构建更为复杂的结构，就像垒砖块一样。

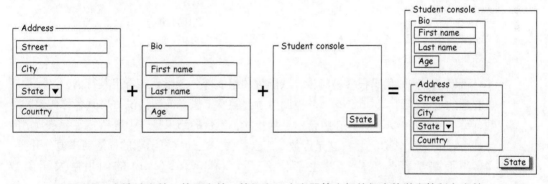

图 4.8 由地址表单、简历表单、按钮和一个容器等小部件组合的学生控制台表单

为了演示，下面创建一个叫作 Node 的递归结构的元组：

```
const Node = Tuple(Object, Tuple);
```

它可用于保存一个对象以及对另一个节点（元组）的引用。本质上，这是一个元素列表的函数式定义：由头部和尾部递归组合而成。通过柯里化的 element 函数

```
const element = R.curry(function(val, tuple) {
  return new Node(val, tuple);
});
```

读者可以创建以 null 终止的任一类型的列表。图 4.9 显示了一个简单的数字列表。

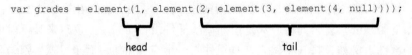

图 4.9　由头部和尾部构成的数字列表。函数式语言中的数组已经具有 head 和 tail 两个函数

这基本就是列表在 ML 和 Haskell 等语言中的构造。然而，与外部对象高度耦合的复杂对象就没有比较明确的组合规则，可能会非常难以使用。当存在副作用和改变时，函数式组合也可能会这样。好了，是时候深入了解函数组合了。

4.5.2　函数组合：描述与求值分离

从本质上讲，函数组合是一种将已被分解的简单任务组织成复杂行为的整体过程。本书第 1 章对其进行了简要的定义，现在来进行具体的解释。我们来看一个使用 Ramda 的 R.compose 函数组合两个纯函数的小例子：

```
const str = `We can only see a short distance
             ahead but we can see plenty there
             that needs to be done`;

const explode = (str) => str.split(/\s+/);        ← 将句子分割成
                                                     单词数组
const count = (arr) => arr.length;                ← 单词数量

const countWords = R.compose(count, explode);

countWords(str); //-> 19
```

可以说，这段代码很容易阅读，从函数的组成部分一眼就能看出其行为。这段程序最有趣的是，直到 countWords 被调用才会触发求值。换句话说，用其名称传递的函数（explode 和 count）在组合中是静止的。组合的结果是一个等待指定参数调用的另一个函数 countWords。这是函数式组合的强大之处：将函数的描述与求值分开。

下面来解释一下后台发生了什么。countWords(str) 的调用触发了函数 explode 的执行并将其输出（一个字符串数组）传给 count 以计算该数组的长度。组合将输入与输出相连接，创建出函数管道。组合的一个更正式的定义是，考虑两个函数 f 和 g 以及其各自的输入和输出类型：

```
g :: A -> B        ← g 是由类型 A 到 B 的函数
f :: B -> C        ← f 是由类型 B 到 C 的函数
```

图 4.10 是由箭头连接的各分组。该符号表示了一个（箭头）函数 f，接收类型 B 的

参数并返回 C 类型。另一个（箭头）函数 g 接收类型 A 的参数并返回 B。因此，g::A-> B 与 f::B -> C 的组合（叫作"f 由 g 组合"）会形成另一个函数 A->C，如图 4.11 所示。更正式的表示为：

```
f·g = f(g) = compose :: (B -> C) -> (A -> B) -> (A -> C)
```

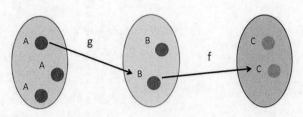

图 4.10　函数 **f** 和 **g** 的输入和输出类型表示。函数 **g** 将 **A** 类型的值映射为 **B** 类型的值，而函数 **f** 将 **B** 类型的值映射为 **C** 类型的值。组合之所以能够实现，是因为 **f** 和 **g** 是相互兼容的

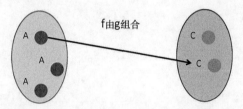

图 4.11　两个函数的组合是一个将第二个函数的输入直接映射到第一个函数的 输出的新函数。组合后的函数也是输入和输出之间的引用透明映射

回想一下引用透明的概念，函数也不过是连接一组对象到另一组对象的箭头而已。 这也是另一个重要的软件开发原则模块化系统的支柱。由于组合能够松散地将类型 兼容函数的边界（即输入和输出）相互绑定，因此满足面向接口编程的原则。在前面的例 子中，函数 explode :: String -> [String]与函数 count :: [String] -> Number 组合，各函数只知道和关心下一个函数的接口，而不是其实现。虽然 compose 不 是 JavaScript 语言的一部分，但可以自然而然地表示为一个高阶函数，如清单 4.8 所示。

清单 4.8　compose 的实现

```
function compose(/* fns */) {
    let args = arguments;
    let start = args.length - 1;
    return function() {
        let i = start;
        let result = args[start].apply(this, arguments);
        while (i--)
            result = args[i].call(this, result);
        return result;
    };
}
```

组合的输出是真正接收 实际参数的函数

动态应用接收的参数到 函数

循环调用系列函数，以 前一个函数的输出作为 下一个函数的输入

　　幸好 Ramda 提供了 R.compose，所以无须自己实现。我们编写一个验证程序来检查一个 SSN 格式是否合法（我们会在本书中多次重用这些帮助函数）：

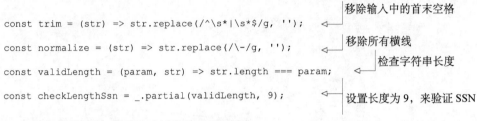

```
const trim = (str) => str.replace(/^\s*|\s*$/g, '');        ←  移除输入中的首末空格

const normalize = (str) => str.replace(/\-/g, '');          ←  移除所有横线

                                                               检查字符串长度
const validLength = (param, str) => str.length === param;   ←

const checkLengthSsn = _.partial(validLength, 9);           ←  设置长度为 9，来验证 SSN
```

　　利用这些函数，还可以创建其他的函数：

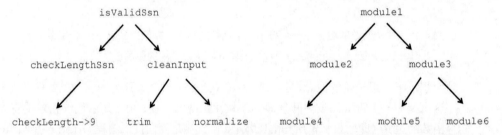

```
                                                           组合 normalize 和 trim，
                                                           得到 cleanInput 函数
const cleanInput = R.compose(normalize, trim);          ←
const isValidSsn = R.compose(checkLengthSsn, cleanInput); ←
                                                           组 合 cleanInput 和
cleanInput(' 444-44-4444 '); //-> '444444444'             checkLengthSsn，得
isValidSsn(' 444-44-4444 '); //-> true                     到新函数isValidSsn
```

　　进一步地，如图 4.12 所示，整个程序都可以通过简单函数的组合来构建。

```
        isValidSsn                                  module1


checkLengthSsn    cleanInput              module2            module3


checkLength->9   trim    normalize      module4         module5    module6
```

图 4.12　复杂的函数可以通过简单函数的组合来构建。正如函数组合一样，由不同的
（包含更多函数的）模块组成的程序，也可以通过这种组合的方式来构建

　　组合的概念不仅限于函数，整个程序都可以由无副作用的纯的程序或模块组合而成（基于之前的函数定义，本书将不严格区分函数、程序和模块这 3 个术语，它们均表示具有输入和输出的可执行单元）。

　　组合是一种合取操作，这意味着其元素使用逻辑与运算连接。例如，函数 isValidSsn 由 checkLengthSsn 和 cleanInput 组成。因此，程序实际上由其各部分的总和得出。第 5 章将解决需要返回两个结果之一（即 A 或 B）这样的具有析取性质的表达式问题。

　　同时，还可以将 compose 增加到 JavaScript 的 Function 原型中。下面是以第 3 章中函数链风格实现的具有完全相同行为的逻辑：

```
Function.prototype.compose = R.compose;

const cleanInput = checkLengthSsn.compose(normalize).compose(trim);
```

可以链式地
组合函数

如果读者更喜欢这种风格，也可以随意使用。在下一章中，读者将了解到，方法链接机制在叫作 monad 的代数数据类型中非常普遍。就个人而言，笔者建议使用更加函数式的形式，因为它更加简洁与灵活，并且与函数式库结合得更好。

4.5.3　函数式库的组合

使用诸如 Ramda 这种函数式库的好处之一是，所有的函数已经被正确地柯里化，在组合函数管道时更具有通用性。再来看一个例子，以下是一个班中各学生的名单和成绩：

```
const students = ['Rosser', 'Turing', 'Kleene', 'Church'];
const grades   = [80, 100, 90, 99];
```

假设需要找到班里成绩最高的学生。从第 3 章了解到，使用数据集合是函数式编程的基石之一。清单 4.9 由组合的多个柯里化函数构成，每个函数都能够以特定的方式对数据进行变换。

- R.zip——通过配对两个数组的内容来创建一个新数组。本例中，配对两个数组能够得到[['Rosser', 80], ['Turing', 100], ...]。
- R.prop——指定在排序中要使用的值。本例中，以 1 作为参数指明使用子数组的第二个元素（成绩）。
- R.sortBy——通过给定的属性执行数组的自然升序排序。
- R.reverse——反转整个数组以获得第一个元素的最高数字。
- R.pluck——通过抽取指定索引处的元素构建数组。传递参数 0 表示提取元素为学生姓名。
- R.head——获取第一个元素。

清单 4.9　获取最聪明的学生

```
const smartestStudent = R.compose(
    R.head,
    R.pluck(0),
    R.reverse,
    R.sortBy(R.prop(1)),
    R.zip);

smartestStudent(students, grades); //-> 'Turing'
```

用 Ramda 的一系列函数组合成新函数 smartestStudent

传给第一个函数 R.zip() 两个数组。每一步对数据进行不可变的变换，直到最后一个函数 R.head()，返回结果

尤其当刚刚熟悉的框架或刚开始理解问题域时，使用组合可能会比较难。笔者在工

作中使用组合时，经常发现自己需要思考从何处入手。同样，最难的部分是将任务分解成较小的部分。一旦完成了这一工作，就能用组合对这些函数进行重组。

　　另外，一个令人开始意识到并开始爱上函数式组合的原因是，它能够让开发者自然地用一两行简洁的代码来描述整个解决方案。因为已经创建了映射到算法中不同阶段的函数，所以需要构建描述这一部分解决方案的本体表达式，从而使得其他团队成员能够更快地了解该代码。清单 4.10 所示的代码与第 3 章中的练习类似。

清单 4.10　使用描述性函数别名

```
const first = R.head;
const getName = R.pluck(0);
const reverse = R.reverse;
const sortByGrade = R.sortBy(R.prop(1));
const combine = R.zip;

R.compose(first, getName, reverse, sortByGrade, combine);
```

　　尽管上述代码更容易阅读，但由于这些函数与具体的业务任务相关，所以这段代码并没有提升程序的可重用性。因此，笔者建议去熟悉像 head、pluck、zip 等其他的函数式词汇，以便通过实践获得所选函数式框架的综合知识。由于都使用了相同的命名约定，这会使代码更容易过渡到其他框架或函数式语言。它会很快地提高开发者的生产力。

　　清单 4.9 和清单 4.10 都使用了纯函数来描述整个解决方案，但这并不总是办得到的。应用程序开发者会经常面临读取本地存储、远程 HTTP 请求等任务的需求，不可避免地产生副作用，为此必须能从纯的代码中分离不纯的部分。正如读者将在第 6 章中看到的，这将使得测试非常容易。

4.5.4　应对纯的代码和不纯的代码

　　不纯的代码在运行后会导致外部可见的副作用，导致访问的数据超出函数的作用域，导致外部依赖关系。只要有一个函数是不纯的，整个程序都会被影响。

　　但是，并不需要总保证 100% 的纯函数以获得函数式编程的好处。理想情况下，开发者需要尽可能地分离纯的行为与不纯的行为，而且最好是在同一个函数中。之后，再使用组合来将纯的与不纯的片段粘在一起。第 1 章中提到，一开始实现 showStudent 函数的要求是这样的：

```
const showStudent = compose(append, csv, findStudent);
```

　　无论怎样，大多数函数都是通过其参数引发副作用的。

- findStudent 使用了对象存储或一些外部数组的引用。
- append 直接改写了 HTML 元素。

继续改进这个程序，通过 curry 对各函数的不变参数进行部分求值。再通过添加代码来清理输入参数，并使用更细粒度的函数重构对 HTML 的操作。最后，可以通过将 find 操作从对象存储解耦，来使其更加函数式。代码如清单 4.11 所示。

清单 4.11　使用柯里化和组合的 **showStudent** 程序

```
// findObject :: DB -> String -> Object
const findObject = R.curry(function (db, id) {          ← 重构的 find()函数
    const obj = find(db, id);                              更容易组合
    if(obj === null) {
        throw new Error('Object with ID [' + id + '] not found');
    }
    return obj;
});                                                     使用部分求值 fetchRecord 得到
                                                        固定在 students 对象存储中查
// findStudent :: String -> Student                     找的新函数 findStudent
const findStudent = findObject(DB('students'));    ←

const csv = (student) =>
    `${student.ssn}, ${student.firstname}, ${student.lastname}`;

// append :: String -> String -> String
const append = curry(function (elementId, info) {
    document.querySelector(elementId).innerHTML = info;
    return info;
});
// showStudent :: String -> Integer
const showStudent = R.compose(
    append('#student-info'),        ← 组合函数以完成
    csv,                              整个程序
    findStudent,
    normalize,
    trim));
```

showStudent('44444-4444'); //-> 444-44-4444, Alonzo, Church

　　清单 4.11 中定义了组成 showStudent 的 4 个函数 (为它们加上了类型签名，就可以更轻松地了解到每个连续调用之间的对应关系)。这段代码将一个函数的输出与下一个函数的输入相连接，以 trim 函数作为开始，直到函数 append。但还有一个问题：记得在本

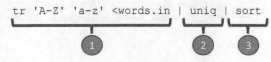

图 4.13　一个简单的 Unix shell 程序，将一系列函数用管道组合在一起

章一开始的 UNIX 程序吗？该程序使用 UNIX 内置的管道操作符 |，由左到右地执行每个函数。因此，管道函数的执行顺序与组合相反 (见图 4.13)。

　　如果觉得函数式组合这种自然反转的执行顺序很奇怪，或者将程序视为左结合的序列，那么就可以使用 Ramda compose 的镜像函数 pipe 来获得相同的结果：

```
R.pipe(
    trim,
    normalize,
    findStudent,
    csv,
    append('#student-info'));
```

从 F#原生就提供管道运算符|>，就能看出这有多么重要了。在 JavaScript 中，并没有这种优待，但可以使用功能库来完成相同的工作。注意，在使用 R.pipe 和 R.compose 时，不必像原来一样正式地声明参数来创建新的函数。函数式组合鼓励这种写作风格，它被称为 point-free。

4.5.5　point-free 编程

仔细阅读清单 4.10，就能够发现它并没有像传统函数声明一样使用任何显式的参数。再看一下这行代码：

```
R.compose(first, getName, reverse, sortByGrade, combine);
```

使用 compose（或者 pipe）就意味着永远不必再声明参数了（称为函数的 points），这无疑会使代码更加声明式、更加简洁，或更加 point-free。

point-free 编程使 JavaScript 的函数式代码更接近于 Haskell 和 UNIX 的理念。它可以用来提高抽象度，促使开发者关注高级组件的组合，而不是低级的函数求值的细节。柯里化在这里也起着很重要的作用，因为它能够灵活地部分定义一个只差最后一个参数的内联函数。这种编码风格也被称为 Tacit 编程。下面代码正如本章一开始介绍的 UNIX 程序一样，以 point-free 风格编写。

清单 4.12 中的程序仅由一些 point-free 函数的名称组成（其中一些是带有参数的部分定义），而没有表明这些函数所接收的参数类型。在将组合改为这种编码风格时，要记住，过度的使用会使得程序晦涩且令人费解。并不是要去除所有的参数。在某些情况下，将函数组合分解成 2 个或 3 个表达式会更好。

清单 4.12　使用 Ramda 函数编写的，UNIX 程序的 point-free 版本

```
const runProgram = R.pipe(
    R.map(R.toLower),          identity 函数返回其接收到的参
    R.uniq,                    数。虽然功能不起眼，但是非常
    R.sortBy(R.identity));  ← 实用（下一节会进一步解释）

runProgram(['Functional', 'Programming', 'Curry',
    'Memoization', 'Partial', 'Curry', 'Programming']);

//-> [curry, functional, memoization, partial, programming]
```

point-free 代码可能会对错误处理和调试造成影响。比如，在有异常抛出并产生副作用时，是否应该在组合函数中返回 null 来解决呢？尽管可以在函数中检查 null，但会导致很多的代码重复、样板代码以及为了程序进行而返回的合理默认值。同时，该怎样尝试调试出现在一行的所有命令呢？这些都需要关注的问题会在下一章中予以解决。我们将看到更多的 point-free 程序，包括支持自动错误处理的程序。

另一个重要的问题是，如何处理需要使用条件逻辑或者按某种方式执行多个函数的

情况。下一节将介绍能够管理应用程序控制流的实用程序。

4.6 使用函数组合子来管理程序的控制流

在第 3 章中，我们比较了命令式程序和函数式程序中的控制流程，并强调了二者的显著差异。命令式代码能够使用如 `if-else` 和 `for` 这样的过程控制机制，函数式则不能。所以，这需要一个替代方案——可以使用函数组合子。

组合子是一些可以组合其他函数（或其他组合子），并作为控制逻辑运行的高阶函数。组合子通常不声明任何变量，也不包含任何业务逻辑，它们旨在管理函数式程序的流程。除了 `compose` 和 `pipe`，还有无数的组合子，一些最常见的组合子如下。

- `identity`
- `tap`
- `alternation`
- `sequence`
- `fork` (join)

4.6.1 identity（I-combinator）

`identity` 组合子是返回与参数同值的函数：

```
identity :: (a) -> a
```

它广泛使用于函数数学特性的检验，但也有很多其他的实际用途。

- 为以函数为参数的更高阶函数提供数据，如之前清单 4.12 中的 point-free 代码。
- 在单元测试的函数组合器控制流中作为简单的函数结果来进行断言（将在第 6 章讨论）。例如，可以使用 identity 函数来编写 compose 的单元测试。
- 函数式地从封装类型中提取数据（将在下一章详述）。

4.6.2 tap（K-组合子）

`tap` 非常有用，它能够将无返回值的函数（例如记录日志、修改文件或 HTML 页面的函数）嵌入函数组合中，而无须创建其他的代码。它会将所属对象传入函数参数并返回该对象。以下是该函数的签名：

```
tap :: (a -> *) -> a -> a
```

该函数接收一个输入对象 a 和一个对 a 执行指定操作的函数。它使用提供的对象调用给定的函数，然后再返回该对象。例如，可以使用一个如 debugLog 这样的 void 函数来调用 R.tap，

```
const debugLog = _.partial(logger, 'console', 'basic', 'MyLogger',
   'DEBUG');
```

并在一些函数组合中嵌入它。以下是一些例子：

```
const debug = R.tap(debugLog);
const cleanInput = R.compose(normalize, debug, trim);
const isValidSsn = R.compose(debug, checkLengthSsn, debug, cleanInput);
```

无论如何，（基于 R.tap）调用 debug 都不会改变程序的结果。实际上，该组合器会忽略其函数参数的执行结果（如果存在的话）。以下代码既能够记录调试信息，又能够输出函数结果：

```
isValidSsn('444-44-4444');

// output
MyLogger [DEBUG] 444-44-4444 // clean input
MyLogger [DEBUG] 444444444    // check length
MyLogger [DEBUG] true         // final result
```

4.6.3   alt（OR-组合子）

alt 组合子能够在提供函数响应的默认行为时执行简单的条件逻辑。该组合子以两个函数为参数，如果第一个函数返回值已定义（即，不是 false、null 或 undefined），则返回该值；否则，返回第二个函数的结果。可以按照如下方式实现：

```
const alt = function (func1, func2) {
    return function (val) {
        return func1(val) || func2(val);
    }
};
```

也可以使用 curry 和 lambda 表达式写得更简洁：

```
const alt = R.curry((func1, func2, val) => func1(val) || func2(val));
```

可以将该组合子用在 showStudent 程序中，来处理当获取操作不成功的情况，从而创建一个新的学生：

```
const showStudent = R.compose(
    append('#student-info'),
    csv,
    alt(findStudent, createNewStudent));

showStudent('444-44-4444');
```

若要了解发生了什么，可以假设该代码模拟了一个简单的 if-else{/0 }语句，等同于以下的命令式条件逻辑：

```
var student = findStudent('444-44-4444');
if(student !== null) {
  let info = csv(student);
```

```
      append('#student-info', info);
}
else {
      let newStudent = createNewStudent('444-44-4444');
      let info = csv(newStudent);
      append('#student-info', info);
}
```

4.6.4 seq（S-组合子）

seq 组合子用于遍历函数序列。它以两个或更多的函数作为参数并返回一个新的函数，会用相同的值顺序调用所有这些函数。该组合子的实现如下：

```
const seq = function(/*funcs*/) {
      const funcs = Array.prototype.slice.call(arguments);
      return function (val) {
            funcs.forEach(function (fn) {
                  fn(val);
            });
      };
};
```

有了它，就可以序列化地执行相关但独立的多个操作。例如，在找到学生对象后，可以使用 seq 将它们呈现在 HTML 页面上并将其输出到控制台。所有函数都以同一学生对象作为参数顺序执行：

```
const showStudent = R.compose(
      seq(
            append('#student-info'),
            consoleLog),
      csv,
      findStudent));
```

seq 组合子不会返回任何值，只会一个一个地执行一系列操作。如果要将其嵌入函数组合之间，可以使用 R.tap 将它与其余部分进行桥接。

4.6.5 fork（join）组合子

fork 组合子用于需要以两种不同的方式处理单个资源的情况。该组合子需要以 3 个函数作为参数，即以一个 join 函数和两个 fork 函数来处理提供的输入。两个分叉函数的结果最终传递到的接收两个参数的 join 函数中，如图 4.14 所示。

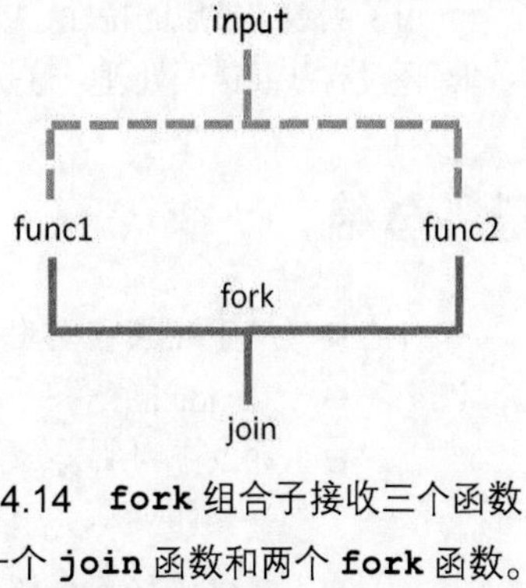

注意　这与 Java 中的多任务处理框架 fork-join 不同，不要相互混淆。其实现来自 Haskell 和其他函数式工

图 4.14　**fork** 组合子接收三个函数：一个 **join** 函数和两个 **fork** 函数。**fork** 函数根据所提供的输入执行，然后通过 **join** 函数将结果结合起来

　　具包中的 fork 组合子。

　　该组合子的实现如下：

```
const fork = function(join, func1, func2){
    return function(val) {
        return join(func1(val), func2(val));
    };
};
```

　　现在来看看该组合子的使用方法。让我们重新通过一组数字形式的成绩计算出平均的字母形式的成绩。可以使用 fork 来组织 3 个计算函数的求值：

```
const computeAverageGrade =
    R.compose(getLetterGrade, fork(R.divide, R.sum, R.length));

computeAverageGrade([99, 80, 89]); //-> 'B'
```

　　下面的例子用于检查均值和集合的中位数是否相等：

```
const eqMedianAverage = fork(R.equals, R.median, R.mean);
eqMedianAverage([80, 90, 100])); //-> True
eqMedianAverage([81, 90, 100])); //-> False
```

　　有些人将组合视为约束，但看来恰恰相反：组合子使代码编写更加灵活，并有利于 point-free 风格编程。因为组合子都是纯函数，它们也能够结合其他组合子使用，为任何类型的应用程序提供无数的替代方案并减少复杂度。我们会在后续章节中再次使用它们。

　　基于不可变性和纯性，函数式编程可以有效提高程序代码的模块化和可重用性水平。在第 2 章中，我们了解到 JavaScript 中的函数也可以模块化。同理，也可以像使用函数一样组合和重用整个模块。这一内容留待读者独立思考。

　　模块化的函数式程序由一些抽象的函数构成，可以单独地理解并重用，其功能与组合的具体规则相关。在本章中，我们了解到纯函数的组合是函数式编程的支柱。这些组合技术均利用了函数式抽象的特性，（通过柯里化或部分应用）对各种纯函数进行组合。不过到目前为止，还没有涉及错误处理，这是任何可容错应用的重要组成部分，我们将在后续章节中加以讨论。

4.7　总结

- 用于连接可重用的、模块化的、组件化程序的函数链与管道。
- Ramda.js 是一个功能强大的函数库，适用于函数的柯里化与组合。
- 可以通过部分求值和柯里化来减少函数元数，利用对参数子集的部分求值将函数转化为一元函数。
- 可以将任务分解为多个简单的函数，再通过组合来获得整个解决方案。
- 以 point-free 的风格编写，并用函数组合子来组织的程序控制流，可解决现实问题。

第 5 章　针对复杂应用的设计模式

本章内容
- 命令式处理异常方式的问题
- 使用容器，以防访问无效数据
- 用 Functor 的实现来做数据转换
- 利于组合的 Monad 数据类型
- 使用 Monadic 类型来巩固错误处理策略
- Monadic 类型的组合与交错

> 空引用是一个价值数十亿美元的错误。
>
> ——Tony Hoare，InfoQ

有人可能以为函数式编程范式只适用于学术问题，却忽视了其在真实世界问题的作用。然而近年来人们发现，函数式编程可以把错误处理得比任何其他开发风格更为优雅。

软件中的许多问题都是由于数据不经意地变成了 null 或 undefined、出现了异常、失去网络连接等情况造成的。代码需要顾及所有此类问题，因此增加了复杂性。这样一来，就需要花大量的时间来确保所有抛出的异常都能被适当地捕获，并且在所有能想到的地方检查值是否为 null。最后的结果是什么呢？——越来越长、不能扩展、推理起来又很费劲的庞大复杂的代码。

开发者需要更聪明地工作，而不是辛苦地工作。本章将介绍 Functor 这一可以简单映射函数的数据类型。应用 Functor 可以创建多种包含不同错误处理行为的 Monad 数据类型。由于出自范畴论，Monad 是函数式编程中最难以把握的概念之一。不过请放心，本书不会讲到范畴论，而会把重点放到实际问题上。话虽如此，本章还是会旁敲侧击地先介绍几个基本概念，之后将会展示如何用 Monad 来创建与组合容错函数，而这些都是命令式编程无法做到的。

5.1　命令式错误处理的不足

在许多情况下都会发生 JavaScript 错误，特别是在与服务器通信时，或是在试图访问一个为 null 对象的属性时。此外，第三方库也有可能抛出异常来表示某些特定的错误。因此，开发者在编程时总是需要做好最坏的打算。值得一提的是，在命令式编程世界中，异常是通过 try-catch 处理的。

5.1.1　用 try-catch 处理错误

JavaScript 的异常处理机制通常会以大多数现代语言都有的 try-catch 语句来完成：

```
try {
    // code that might throw an exception in here
}
catch (e) {
    // statements to handle any exceptions
    console.log('ERROR' + e.message);
}
```

以该语句包裹住你认为不太安全的代码，一旦有异常发生，JavaScript 会立即终止程序，并创建导致该问题的指令的函数调用堆栈跟踪。有关错误的具体细节，如消息、行号和文件名，被填充到 Error 类型的对象中，并传递到 catch 块中。catch 块就像程序的避风港，例如前面提到的函数 findObject 和 findStudent：

```
// findObject :: DB, String -> Object
const findObject = R.curry(function (db, id) {
  const result = find(db, id)
  if(!result) {
    throw new Error('Object with ID [' + id + '] not found');
  }
  return result;
});

// findStudent :: String -> Student
const findStudent = findObject(DB('students'));
```

由于这些函数有可能会抛出异常，实践中会在调用它们的地方用 try-catch 块包裹起来：

```
try {
    var student = findStudent('444-44-4444');
}
catch (e) {
    console.log('ERROR' + e.message);
}
```

正如用函数抽象循环和条件语句那样，也需要对错误处理进行抽象。但是，显然使用 try-catch 后的代码将不能组合或连在一起，这将会严重影响代码设计。

5.1.2 函数式程序不应抛出异常

命令式的 JavaScript 代码结构有很多缺陷，而且也会与函数式的设计有兼容性问题。会抛出异常的函数存在以下问题。

- 难以与其他函数组合或链接。
- 违反了引用透明性，因为抛出异常会导致函数调用出现另一出口，所以不能确保单一的可预测的返回值。
- 会引起副作用，因为异常会在函数调用之外对堆栈引发不可预料的影响。
- 违反非局域性的原则，因为用于恢复异常的代码与原始的函数调用渐行渐远。当发生错误时，函数离开局部栈与环境。

```
try {
    var student = findStudent('444-44-4444');

    ... more lines of code in between
}
catch (e) {
console.log('ERROR: not found');

    // Handle error here
}
```

- 不能只关注函数的返回值，调用者需要负责声明 catch 块中的异常匹配类型来管理特定的异常。
- 当有多个异常条件时会出现嵌套的异常处理块。

```
var student = null;
try {
  student = findStudent('444-44-44444');
}
catch (e) {
  console.log('ERROR: Cannot locate students by SSN');

    try {
        student = findStudentByAddress(new Address(...));
    }
    catch (e) {
    console.log('ERROR: Student is no where to be found!');
    }
}
```

说到这里，可能有人会怀疑，"函数式编程真的不需要抛出异常吗？"笔者不这么认为。在实践中，很多因素是在控制范围之外的，而且依赖库也有抛出异常的可能。

对于某些边缘情况，使用异常可能颇有效率。在第 4 章的 checkType 中，使用了异常来表示 API 被滥用。同时，像 RangeError: Maximum call stack size exceeded 这种不可修复的异常情况，会在第 7 章更多地讨论。异常应该由一个地方抛出，而不应该随处可见。其中一个常见的场景是 JavaScript 中因在 null 对象上调用函数所产生的臭名昭著的 TypeError。

5.1.3　空值（null）检查问题

　　另一种跟抛出异常一样烦人的错误是 null 返回值。虽然 null 返回值保证了函数的出口只有一个，但是也并没有好到哪去——给使用函数的用户带来需要 null 检查的负担。比如获取学生地址与国家的 getCountry 函数：

```
function getCountry(student) {
   let school = student.getSchool();
   if(school !== null) {
     let addr = school.getAddress();
       if(addr !== null) {
       var country = addr.getCountry();
       return country;
     }
     return null;
   }
   throw new Error('Error extracting country info');
}
```

　　这个函数似乎很容易实现，毕竟它只是提取对象的属性。本来可以简单地创建一个 lens 来获取该属性，若是 null 即返回 undefined，但它并不会打印任何错误信息。这使代码需要大量的判空检查代码。不管是使用 try-catch 还是 null 检查，都是被动的解决方式。若是能既轻松处理错误，又不需要这些啰嗦的防守代码该多好！

5.2　一种更好的解决方案——Functor

　　函数式以一种完全不同的方法应对软件系统的错误处理。其思想说起来也非常简单，就是创建一个安全的容器，来存放危险代码（见图 5.1）。

```
try {

    var student = findStudent('444-44-4444');

    ... more lines of code

}
catch (e) {
    console.log('ERROR: Student not found!');

    // Handle missing student
}
```

图 5.1　其实 **try-catch** 也可以看作存放着会抛出异常的
函数的保险箱。而保险箱可以看作一种容器

在函数式编程中，仍然会包裹这些危险代码，但可以不用 `try-catch` 块。使用函数式数据类型是解决不纯性的主要手段。不过，首先从最简单的类型开始。

5.2.1   包裹不安全的值

将值包裹起来是函数式编程的一个基本设计模式，因为它直接地保证了值不会被任意篡改。这有点像给值身披铠甲，只能通过 map 操作来访问该容器中的值。实际上第 3 章已经介绍过数组的 map，而数组也是值的容器。本章将继续扩展更广义的 map 的概念。

其实，可以映射函数到更多类型，而不仅仅是数组。在函数式 JavaScript 中，map 只不过是一个函数，由于引用透明性，只要输入相同，map 永远会返回相同的结果。当然，还可以认为 map 是可以使用 lambda 表达式变换容器内的值的途径。比如，对于数组，就可以通过 map 转换值，返回包含新值的新数组。

下面用 Wrapper 好好地解释一下这个概念，如清单 5.1 所示。该类型看似简单，但是认真理解其中的原理，会为学习下一节做出非常好的铺垫。

清单 5.1   包裹值的函数式数据类型

```
class Wrapper {
    constructor(value) {
        this._value = value;        存储任意类型值的简单
    }                               类型

    // map :: (A -> B) -> A -> B
    map(f) {                        用一个函数来 map 该类
      return f(this.val);           型（就像数组一样）
    };

    toString() {
      return 'Wrapper (' + this.value + ')';
    }
}
                                    能够根据值快速创建
// wrap :: A -> Wrapper(A)          Wrapper 的帮助函数
const wrap = (val) => new Wrapper(val);
```

要访问包裹内的对象，唯一办法是 map 一个第 4 章中提到的 identity 函数（注意，Wrapper 类型并没有 get 方法）。虽然 JavaScript 允许用户方便地访问这个值，但重要的是，一旦该值进入容器，就不应该能被直接获取或转化（就像一个虚拟的屏障），如图 5.2 所示。

下面是获取值的例子：

```
const wrappedValue = wrap('Get Functional');        值的提取
wrappedValue.map(R.identity); //-> 'Get Functional'
```

其实还可以映射任何函数到该容器，比如记录日志或是变换该值：

```
wrappedValue.map(log);                              对内部值应用函数
wrappedValue.map(R.toUpper); //-> 'GET FUNCTIONAL'
```

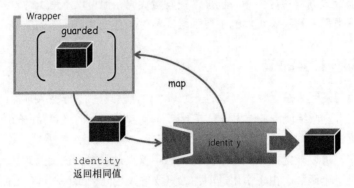

图 5.2　Wrapper 类型使用 map 安全地访问和操作值。在这种情况下，
通过映射 identity 函数就能在容器中提取值

如此一来，所有对值的操作都必须借助 Wrapper.map "伸入" 容器，从而使值得到一定的保护。但是 null 或者 undefined 的情况仍然存在，还是需要在映射的函数中去处理。不过不用心急，下面马上介绍解决的方法：

```
const wrappedNull = wrap(null);
wrappedNull.map(doWork);
```

> doWork 被赋予了空值
> 检查的责任

就像这个例子，由于直接调用函数，完全可以交给 Wrapper 类型来做错误处理。换句话说，可以在调用函数之前，检查 null、空字符串或者负数，等等。因此，Wrapper.map 的语义就由具体的 Wrapper 类型来确定。

不妨放慢进度，来看看 map 的变种——fmap：

```
// fmap :: (A -> B) -> Wrapper[A] -> Wrapper[B]
Wrapper.prototype.fmap = function (f) {
    return wrap(f(this.val));
};
```

> 先将返回值包裹到容器中，
> 再返回给调用者

fmap 知道如何在上下文中应用函数值。它会先打开该容器，应用函数到值，最后把返回的值包裹到一个新的同类型容器中。拥有这种函数的类型称为 Functor。

5.2.2　Functor 定义

从本质上讲，Functor 只是一个可以将函数应用到它包裹的值上，并将结果再包裹起来的数据结构。下面是 fmap 的一般定义：

```
fmap :: (A -> B) -> Wrapper(A) -> Wrapper(B)
```

> Wrapper 可以是
> 任何容器类型

fmap 函数接受一个从 A->B 的函数，以及一个 Wrapper(A) Functor，然后返回包裹着结果的新 Functor Wrapper(B)。图 5.3 显示了用 increment 函数作为 A->B 的映射函数，只是这里的 A 和 B 为同一类型。

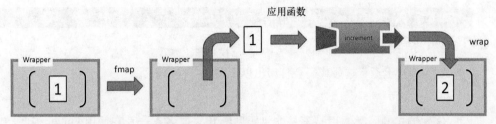

图 5.3 **Wrapper** 内的值 1，在应用函数 **increment** 后再次包裹成新的容器

要注意的是，fmap 在每次调用都会返回一个新的副本，这跟第 2 章的 lenses 类似，都是不可变的。例如图 5.3 中的第 2 个 Wrapper 就是一个全新的对象。在开始解决更实际的问题之前，再来看一个简单的例子。试用 Functor 来完成简单的 2 + 3 = 5。首先柯里化 add 函数，这样就得到了 plus3 的函数：

```
const plus = R.curry((a, b) => a + b);
const plus3 = plus(3);
```

现在可以把数字 2 放到 Wrapper 中：

```
const two = wrap(2);
```

再调用 fmap 把 plus3 映射到容器上：

```
const five = two.fmap(plus3); //-> Wrapper(5)
five.map(R.identity); //-> 5
```
← 返回一个具有上下文包裹的值

fmap 返回同样类型的结果，可以通过映射 R.identity 来提取它的值。不过需要注意的是，值会一直在容器中，因此可以 fmap 任意次函数来转换值。

```
two.fmap(plus3).fmap(plus10); //-> Wrapper(15)
```

光看代码可能不够直观，图 5.4 更清楚地解释了如何 fmap plus3。

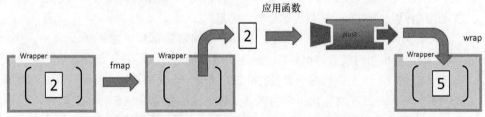

图 5.4 **Wrapper** 容器中的值是 2。Functor 会将其打开，应用 **fmap** 的函数，再包裹函数的返回值到新的容器中

fmap 函数会返回同样的类型，这样就可以链式地继续使用 fmap。比如清单 5.2 所示的这个例子，它会在映射 plus3 之后再打印结果。

清单 5.2   通过链接 Functor 在给定的上下文中添加行为

```
const two = wrap(2);
two.fmap(plus3).fmap(R.tap(infoLogger)); //-> Wrapper(5)
```

在控制台上运行这段代码会打印出以下信息：

```
InfoLogger [INFO] 5
```

这种链式的函数调用是不是非常眼熟？其实很多人一直在使用 Functor 却没有意识到而已。比如 Array 的 map 和 filter 方法（参见 3.3.2 节和 3.3.4 节）：

```
map    :: (A -> B)       -> Array(A) -> Array(B)
filter :: (A -> Boolean) -> Array(A) -> Array(A)
```

map 和 filter 都返回同样类型的 Functor，因此可以不断地链接。来看看另一个 Functor：compose。正如第 4 章提到的，这是从一个函数到另一个函数的映射（也保持类型不变）：

```
compose :: (B -> C) -> (A -> B) -> (A -> C)
```

与其他函数式编程的神器一样，Functor 有如下一些重要的属性约束。

- 必须是无副作用的。若映射 R.identity 函数可以获得上下文中相同的值，即可证明 Functor 是无副作用的：

  ```
  wrap('Get Functional').fmap(R.identity); //-> Wrapper('Get Functional')
  ```

- 必须是可组合的。这个属性的意思是 fmap 函数的组合，与分别 fmap 函数是一样的。比如，下面表达式的效果就跟清单 5.2 的一致：

  ```
  two.fmap(R.compose(plus3, R.tap(infoLogger))).map(R.identity); //-> 5
  ```

Functor 的这些属性并不奇怪。遵守这些规则，可以免于抛出异常、篡改元素或者改变函数的行为。其实际目的只是创建一个上下文或一个抽象，以便可以安全地应用操作到值，而又不改变原始值。这也是 map 可以将一个数组转换到另一个数组，而不改变原数组的原因。而 Functor 就是这个概念的推广。

Functor 本身并不需要知道如何处理 null。例如 Ramda 中的 R.compose，在收到为 null 的函数引用时就会抛出异常。这完全是预期的行为，并不是设计上的缺陷。因为 Functor 映射从一个类型到另一类型的函数。还有一个更为具体化的函数式数据类型——Monad。Monad 可以简化代码中的错误处理，进而更流畅地进行函数组合。但是它跟 Functor 有什么关系呢？其实，Monad 就是 Functor "伸入" 的容器。

请不要因为听到术语 Monad 就开始气馁，如果读者写过 jQuery 代码，那么应该觉得 Monad 很面熟。Monad 只是给一些资源提供了抽象，例如一个简单的价值，一个 DOM 元素、事件或 AJAX 调用，这样就可以安全地处理其中包含的数据。比如，jQuery 就可以看作 DOM 的 Monad：

```
$('#student-info').fadeIn(3000).text(student.fullname());
```

这段代码的行为之所以像 Monad，是因为 jQuery 可以将 `fadeIn` 和 `text` 行为安全地应用到 DOM 上。如果 `student-info` 面板不存在，将方法应用到空的 jQuery 对象上只会什么也不发生，而不会抛出任何异常。Monad 旨在安全地传送错误，这样应用才具有较好的容错性。下一节将更深入地介绍 Monad。

5.3　使用 Monad 函数式地处理错误

Monad 用于函数式地解决传统错误处理的问题。但在深入这个话题之前，先来了解使用 Functor 的局限性。使用 Functor 可以安全地应用函数到其内部的值，并且返回一个不可变的新 Functor。但如果它遍布在代码中，就会有一些让人不那么顺心的地方。下面来看一个通过 SSN 获取学生地址的例子。对于这个例子，大概需要两个函数——`findStudent` 和 `getAddress`，这两个函数都给值包裹上一个安全的上下文：

```
const findStudent = R.curry(function(db, ssn) {        ◁── 包裹对象获取逻辑，以避免
    return wrap(find(db, ssn));                              找不到对象所造成的问题
});

const getAddress = function(student) {                 ◁── 用 Ramda 的 R.prop()函数来
    return wrap(student.fmap(R.prop('address')));           map 对象以获取其地址，再
}                                                            将结果包裹起来
```

然后把这两个函数组合在一起：

```
const studentAddress = R.compose(
    getAddress,
    findStudent(DB('student'))
);
```

虽然成功地避免了所有的错误处理代码，但是结果却出乎意料。返回的值是被包裹了两层的 address 对象：

```
studentAddress('444-44-4444'); //-> Wrapper(Wrapper(address))
```

为了提取这个值，需要两次应用 `R.identity` 函数：

```
studentAddress('444-44-4444').map(R.identity).map(R.identity);        ◁── Ugh!
```

当然，有的读者在自己的代码中见到两层这样的代码还可以勉强接受，如果出现三四层呢？这个时候，Monad 可以成为更好的解决方案。

5.3.1　Monad：从控制流到数据流

Monad 和 Functor 类似，但在处理某些情况时可以带来一些特殊的逻辑。下面就用

简单的例子来看看 Monad 到底有什么特殊的功能。假如有一个函数 half::Number ->Number（见图 5.5）：

```
Wrapper(2).fmap(half); //-> Wrapper(1)
Wrapper(3).fmap(half); //-> Wrapper(1.5)
```

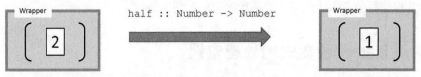

图 5.5　Functor 可以将函数应用到包裹的值上。例子中包裹的值会被 2 除

不过，Functor 只管应用函数到值并将结果包裹起来，并不能加额外的逻辑。如果想要限制 half 只应用到偶数，而输入是一个奇数，该怎么办？或许可以返回 null 或抛出异常，但更好的策略是让该函数能给合法的数字返回正确的结果，并忽略不合法的数字。

现在假设有一个名为 Empty 的类似 Wrapper 的容器：

```
const Empty = function (_) {
  ;
};

// map :: (A -> B) -> A -> B
Empty.prototype.map = function() { return this; };

// empty :: _ -> Empty
const empty = () => new Empty();
```

无操作。Empty 不会存储任何值，其代表着"空"或"无"的概念

类似，将函数 map 到 Empty 上会跳过该操作

为了实现 half 以满足新的需求，可以通过以下方式完成（见图 5.6）：

```
 const isEven = (n) => Number.isFinite(n) && (n % 2 == 0);
const half = (val) => isEven(val) ? wrap(val / 2) : empty();

half(4); //-> Wrapper(2)
half(3); //-> Empty
```

区分奇偶数的工具函数

half 函数只会操作偶数，否则会返回一个空的容器

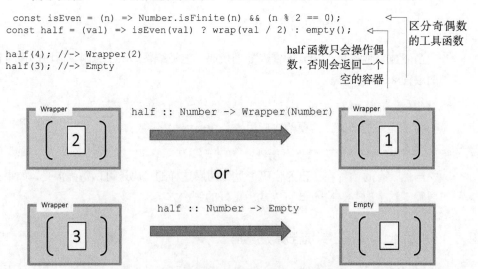

图 5.6　函数 half 可以根据输入返回一个包裹好的值或空容器

  Monad 用于创建一个带有一定规则的容器,而 Functor 并不需要了解其容器内的值。Functor 可以有效地保护数据,然而当需要组合函数时,即可以用 Monad 来安全并且无副作用地管理数据流。在前面的例子中,对于奇数会返回 Empty 而不是 null。所以此后如果想应用函数,就不必在意可能会出现的异常:

```
half(4).fmap(plus3); //-> Wrapper(5)
half(3).fmap(plus3); //-> Empty
```

  ◁—— 容器知道该如何应用函数,即便其值是非法的

  除此之外,Monad 还适用于解决其他问题。但是本章只讨论如何使用 Monad 来解决命令式错误处理的问题,从而使代码更可读、更易于推理。

  理论上,Monad 依赖于语言的类型系统。很多人觉得显式的类型更有助于理解Monad,例如 Haskell。但是其实无类型语言,如 JavaScript,也可以使得 Monad 更易读,并且还不需要担心复杂的类型系统。

  以下两个概念非常重要。

- Monad —— 为 Monadic 操作提供抽象接口。
- Monadic 类型 —— 该接口的具体实现。

  Monadic 类型类似于本章介绍的 Wrapper 对象。不过每个 Monad 都有不同的用途,可以定义不同的语义便于确定其行为(例如 map 或 fmap)。使用这些类型可以进行链式或嵌套操作,但都应遵循下列接口定义。

- 类型构造函数 —— 创建 Monadic 类型(类似于 Wrapper 的构造函数)。
- unit 函数 —— 可将特定类型的值放入 Monadic 结构中(类似于 wrap 和前面看到的 empty 函数)。对于 Monad 的实现来说,该函数也被称为 of 函数。
- bind 函数 —— 可以链式操作(这就是 Functor 的 fmap[1],也被称为 flatmap)从现在开始,后文将使用更简短的 map。顺便说一句,这个 bind 函数与第 4 章提到的"函数绑定"概念完全是两回事。
- join 函数 —— 将两层 Monadic 结构合并成一层。这会对嵌套返回 Monad 的函数特别有用。

  将这一个接口应用到 Wrapper 类型,就可以重构成清单 5.3 所示的这种形式。

清单 5.3　Wrapper monad

```
class Wrapper {
    constructor(value) {                    ◁—— 类型构造器
        this._value = value;
    }

    static of(a) {                          ◁—— unit 函数
        return new Wrapper(a);
    }
```

---

[1] 这不是 Functor 的 fmap,bind 是 flatmap,flatmap 是 flat 与 map 的组合。——译者注

```
map(f) {
  return Wrapper.of(f(this.value));          bind 函数
}                                            (Functor)

join() {                                     压平嵌套的
  if(!(this.value instanceof Wrapper)) {     Wrapper
    return this;
  }
  return this.value.join();
}

toString() {                                 返回一个当前结
  return `Wrapper (${this.value})`;          构的文本描述
}
}
```

Wrapper 使用 Functor 的 map 将数据提升到容器中，这样就可以无任何副作用。通常还可以用 R.identity 函数来检查其内容：

```
Wrapper.of('Hello Monads!')
  .map(R.toUpper)
  .map(R.identity); //-> Wrapper('HELLO MONADS!')
```

map 操作被视为一种中立的 functor，因为它无非只是映射函数到对象，然后关闭它。之后，Monad 给 map 加入特殊的功能。join 函数用于逐层扁平化嵌套结构，就像剥洋葱一样。这可以用来消除之前用 functor 时发现的问题，如清单 5.4 所示。

清单 5.4   扁平化 Monadic 结构

```
// findObject :: DB -> String -> Wrapper
const findObject = R.curry(function(db, id) {
  return Wrapper.of(find(db, id));
});

// getAddress :: Student -> Wrapper
const getAddress = function(student) {
  return Wrapper.of(student.map(R.prop('address')));
}

const studentAddress = R.compose(getAddress, findObject(DB('student')));

studentAddress('444-44-4444').join().get(); // Address
```

清单 5.4 返回一组嵌套的 wrapper，其中 join 操作用于将这种嵌套结构压平成单一的层：

```
Wrapper.of(Wrapper.of(Wrapper.of('Get Functional'))).join();

//-> Wrapper('Get Functional')
```

图 5.7 为 join 操作的示意图。

相对于数组（也是可以 map 的容器），R.flatten 操作如下：

```
R.flatten([1, 2, [3, 4], 5, [6, [7, 8, [9, [10, 11], 12]]]]);
```

```
//=> [1, 2, 3, 4, 5, 6, 7, 8, 9, 10, 11, 12]
```

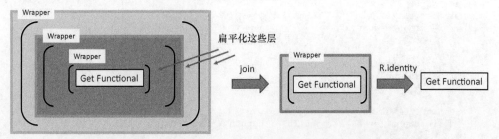

图 5.7 使用 `join` 操作递归扁平化嵌套结构的 Monad，像剥洋葱一样

　　Monad 通常有更多的操作，这里提及的最小接口只是其整个 API 的子集。一个 Monad 本身只是抽象，没有任何实际意义。只有实际的实现类型才有丰富的功能。幸运的是，大多数函数式编程的代码只用一些常用的类型就可以消除大量的样板代码，同时还能完成同样的工作。下面来看丰富的 Monad 实例：`Maybe`、`Either` 和 `IO`。

5.3.2　使用 Maybe Monad 和 Either Monad 来处理异常

　　除了用来包装有效值，Monadic 的结构也可用于建模 `null` 或 `undefined`。函数式编程通常使用 Maybe 和 Either 来做下列事情。

- 隔离不纯。
- 合并判空逻辑。
- 避免异常。
- 支持函数组合。
- 中心化逻辑，用于提供默认值。

这两种类型都以不同的方式提供了这些好处。下面先来介绍 `Maybe`。

1. 用 Maybe 合并判空

　　Maybe Monad 侧重于有效整合 `null`-判断逻辑。`Maybe` 是一个包含两个具体字类型的空类型（标记类型）。

- `Just(value)`——表示值的容器。
- `Nothing()`——表示要么没有值或者没有失败的附加信息。当然，还可以应用函数到 `Nothing` 上。

　　这些子类型实现了之前提到的所有 monad 的属性，而且附加了一些独特的行为。`Maybe` 的实现，如清单 5.5 所示。

清单 5.5 Maybe Monad 及其子类 Maybe Either

```
class Maybe {
    static just(a) {
        return new Just(a);                  容器类型
    }                                        (父类)

    static nothing() {
        return new Nothing();
    }

    static fromNullable(a) {
        return a !== null ? just(a) : nothing();    由一个可为空的类型创
    }                                               建 Maybe（即构造函
                                                    数）。如果值为空，则创
    static of(a) {                                  建一个 Nothing；否则，
        return just(a);                             将值存储在 Just 子类型
    }                                               中来表示其存在性

    get isNothing() {
        return false;
    }

    get isJust() {
        return false;
    }
}

class Just extends Maybe {                   Just 子类型用于
    constructor(value) {                     处理存在的值
        super();
        this._value = value;
    }

    get value() {
        return this._value;
    }
                                             将映射函数应用于 Just，变换
    map(f) {                                 其中的值，并存储回容器中
        return of(f(this.value));
    }

    getOrElse() {                            Monad 提供默认的一元操作，
        return this.value;                   用于从中获取其值
    }

    filter(f) {
        Maybe.fromNullable(f(this.value) ? this.value : null);
    }

    get isJust() {
        return true;
    }
                                             返回该结构的
                                             文本描述
    toString () {
        return `Maybe.Just(${this.value})`;
    }                                        Nothing 子类型用于为
}                                            无值的情况提供保护
class Nothing extends Maybe {
```

```
map(f) {
  return this;
}

get value() {
  throw new TypeError('Can't extract the value
    of a Nothing.');
}

getOrElse(other) {
  return other;
}

filter() {
  return this.value;
}

get isNothing() {
  return true;
}

toString() {
  return 'Maybe.Nothing';
}
}
```

任何试图从 Nothing 类型中取值的操作会引发表征错误使用 Monad 的异常（后文会予以介绍）

忽略值，返回 other

如果存在的值满足所给的断言，则返回包含值的 Just，否则，返回 Nothing

返回结构的文本描述

Maybe 显式地抽象对"可空"值（null 和 undefined）的操作，可让开发者关注更重要的事情。如上述代码所示，Maybe 是 Just 和 Nothing 的抽象，Just 和 Nothing 各自包含自己的 Monadic 的实现。正如前面提到的，对于 Monadic 操作的实现最终取决于具体类型给予的语义。例如，map 的行为具体取决于该类型是 Nothing 还是 Just。例如，Maybe 结构可以用来存储学生对象（见图 5.8）：

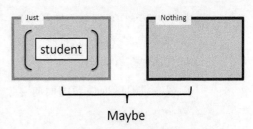

图 5.8　Maybe 结构有两个子类型：Maybe 和 Either 调用 findStudent 返回有值的容器或者没有值的 Nothing

```
// findStudent :: String -> Maybe(Student)
function findStudent(ssn)
```

通常开发者会在遇到不确定的调用时使用这种 Monad，比如查询数据库、在集合中查找值、从服务器请求数据等。清单 5.4 所示的是抽取学生对象的 address 属性的方法。因为目标记录可能不存在，所以可以给 Maybe 的变量加上 safe 前缀：

```
// safeFindObject :: DB -> String -> Maybe
const safeFindObject = R.curry(function(db, id) {
  return Maybe.fromNullable(find(db, id));
});
// safeFindStudent :: String -> Maybe(Student)
const safeFindStudent = safeFindObject(DB('student'));
```

```
const address = safeFindStudent('444-44-4444').map(R.prop('address'));
address; //-> Just(Address(...)) or Nothing
```

使用 Monad 的另一个好处是，它可以修饰函数签名，以表征其返回值的不确定性。Maybe.fromNullable 是个非常有用的函数，可用于你处理 null 判断。如果有合法值，调用 safeFindStudent 会产生一个 Just(Address(...))，否则返回 Nothing。将 R.prop map 到 Monad 上的行为跟我们想的一样。此外，它还做了些检测程序错误和 API 滥用的工作：也可以用它来当参数的前提条件。如果一个无效的值被传递到 Maybe.fromNullable，它会产生 Nothing 类型，这样调用 get () 来打开容器将抛出一个异常：

```
TypeError: Can't extract the value of a Nothing.
```

使用 Monad 应该首先想到将函数 map 上去，而不是直接去提取其内容。也可以使用 getOrElse 安全地获取其内容，如果是 Nothing，则返回默认值。想想给表单字段添值的例子，如果没有数据可以添一个默认值：

```
const userName = findStudent('444-44-4444').map(R.prop('firstname'));

document.querySelector('#student-firstname').value =
    username.getOrElse('Enter first name');
```

如果提取操作成功，则会显示学生的用户名；否则，else 分支会返回默认字符串。

Maybe 的其他形式

读者可能已经见过其他形式的 Maybe，如 Java 8 和 Scala 中使用 Optional 或 Option 类型。它们将 Just 与 Nothing 称为 Some 和 None。语义上，它们其实做的是同样的事情。

现在重温前面提到的面向对象悲剧的反模式的 null 判断。来看 getCountry 函数：

```
function getCountry(student) {
    let school = student.school();
    if(school !== null) {
        let addr = school.address();
        if(addr !== null) {
            return addr.country();
        }
    }
    return 'Country does not exist!';
}
```

这也太麻烦了。如果函数返回 'Country does not exist!'，到底是哪句话引起的异常？在这段代码中，很难辨别是哪一行有问题。如果写出这样的代码，风格和正确性已经不是关键，实际上在用各种补丁来保护函数调用。如果没有 Monadic 的特质 (trait)，那么基本上需要到处放置这种 null 检查以防 TypeError 异常。Maybe 则能够以可重用的方式封装了这种行为。看看下面这个例子：

```
const country = R.compose(getCountry, safeFindStudent);
```

由于 safeFindStudent 返回一个包含 **Student** 对象的容器，现在可以删掉所有的防守代码，即使有非法值也可以安全地传递下去。看看新的 getCountry：

```
const getCountry = (student) => student
    .map(R.prop('school'))
    .map(R.prop('address'))
    .map(R.prop('country'))
        .getOrElse('Country does not exist!');
```

如果任何一步返回 Nothing，所有的后续操作都会被跳过

不管是在哪一步返回 null，这个错误还是可以安全地作为 Nothing 传递下去，所有后续操作都优雅地跳过 Nothing。代码现在不但更声明式、更优雅，而且更容错。

提升函数

仔细看看这个函数：

```
const safeFindObject = R.curry(function(db, id) {
    return Maybe.fromNullable(find(db, id));
});
```

注意到名字的前缀是 safe，返回值是 Monad。这是一个很好的实践，因为明确了该函数包含着潜在危险。但难道所有函数都需要这么包成 Monad 吗？答案是不一定。一种名为函数提升的技术，可以把任意普通函数变化成能操作 Monad 的函数，使其成为一个"安全"的函数。这是一个非常方便的工具，因为无须改变现有的实现。

```
const lift = R.curry(function (f, value) {
    return Maybe.fromNullable(value).map(f);
});
```

这样就不需要直接在函数体里面使用 Monad 了。

```
const findObject = R.curry(function(db, id) {
    return find(db, id);
});
```

lift 会把函数放到容器中：

```
const safeFindObject = R.compose(lift, findObject);
safeFindObject(DB('student'), '444-44-4444');
```

这种提升可以用在任何函数上！

很明显，Maybe 擅长于集中管理的无效数据的检查，但它没有（双关 Nothing）提供关于什么地方出了错的信息。我们需要一个更积极的，可以知道失败原因的解决方案。解决这个问题，要最好的工具是 Either monad。

2. 使用 Either 从故障中恢复

Either 跟 Maybe 略有不同。Either 代表的是两个逻辑分离的值 a 和 b，它们永远不会同时出现。这种类型包括以下两种情况。

- Left(a) —— 包含一个可能的错误消息或抛出的异常对象。
- Right(b) —— 包含一个成功的值。

Either 通常操作右值，这意味着在容器上映射函数总是在 Right(b)子类型上执行。它类似于 Maybe 的 Just 分支。

Either 的常见用法是为失败的结果提供更多的信息。在不可恢复的情况下，左侧可以包含一个合适的异常对象。清单 5.6 所示的列表显示了 Either Monad 的实现。

清单 5.6　包含 Left 和 Right 子类的 Either Monad

```
class Either {
  constructor(value) {
    this._value = value;
  }

  get value() {
    return this._value;
  }

  static left(a) {
    return new Left(a);
  }

  static right(a) {
    return new Right(a);
  }

  static fromNullable(val) {
    return val !== null ? right(val): left(val);
  }

  static of(a){
    return right(a);
  }
}

class Left extends Either {

  map(_) {
   return this; // noop
  }

  get value() {
    throw new TypeError('Can't extract the
      value of a Left(a).');
  }

  getOrElse(other) {
    return other;
  }

  orElse(f) {
    return f(this.value);
  }

  chain(f) {
    return this;
  }
```

Either 类型的构造函数，接收一个异常或合法的值（主右的）

若值非法则返回 Left，否则返回 Right

创建一个包含值的 Right 实例

通过映射函数对 Right 结构中的值进行变换，对 Left 不进行任何操作

尝试提取 Right 结构中的值，否则抛出 TypeError

提取 Right 的值，如果不存在，则返回给定的默认值

将给定函数应用于 Left 值，不对 Right 进行任何操作

将给定函数应用于 Right 值并返回其结果，不对 Left 进行任何操作。这是 chain 方法第一次出现（将在后面解释）

```
    getOrElseThrow(a) {
        throw new Error(a);
    }

    filter(f) {
        return this;
    }

    toString() {
      return `Either.Left(${this.value})`;
    }
}
class Right extends Either {
    map(f) {
        return Either.of(f(this.value));
    }

    getOrElse(other) {
        return this.value;
    }

    orElse() {
        return this;
    }

    chain(f) {
        return f(this.value);
    }

    getOrElseThrow(_) {
        return this.value;
    }

    filter(f) {
        return Either.fromNullable(f(this.value) ? this.value : null);
    }

    toString() {
        return `Either.Right(${this.value})`;
    }
}
```

如果为 Left，通过给定值抛出异常；否则，忽略异常并返回 Right 中的合法值

如果为 Right 且给定的断言为真，返回包含值的 Right 结构；否则，返回空的 Left

通过映射函数对 Right 结构中的值进行变换，对 Left 不进行任何操作

提取 Right 的值，如果不存在，则返回给定的默认值

如果为 Right 且给定的断言为真时，返回包含值的 Right 结构；否则，返回空的 Left

将给定函数应用于 Left 值上，不对 Right 进行任何操作

将给定函数应用于 Right 值上并返回其结果，不对 Left 进行任何操作。这是 chain 方法首次出现

如果为 Left，通过给定值抛出异常；否则，忽略异常并返回 Right 中的合法值

注意，`Maybe` 和 `Either` 类型都有的一些操作是空的（无操作）。这是故意为之，目的是充当占位符，遇到特定 Monad 时可以跳过。

现在试试 `Either`。用这个 Monad 可以实现另一个版本的 `safeFindObject`：

```
const safeFindObject = R.curry(function (db, id) {
    const obj = find(db, id);
    if(obj) {
        return Either.of(obj);
    }
    return Either.Left(`Object not found with ID: ${id}`);
});
```

也可以使用 Either.fromNullable() 来抽象 if-else 语句。代码中之所以这样写，是为了更好的诠释

Left 结构也可以包含值

如果数据存取操作是成功的，学生对象会存储在右侧；否则，在左侧设置错误信息，

如图 5.9 所示。

读者可能会好奇："为什么不使用在第 4 章讲过的 2 元组 tuple（或 Pair）类型来捕捉对象和消息呢？"一个微妙的原因是：元组代表 product 类型，这意味着它的操作数之间的逻辑关系是与。在错误处理的情况下，更适合使用互斥类型来建模，因为不会同时存在正常和错误两种情况。

使用 Either，也可以通过 getOrElse（一定要提供合适的默认值）提取结果：

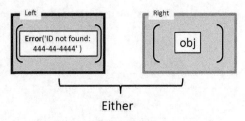

图 5.9　**Either** 的结构可以存储对象（到右侧）或带有堆栈信息的错误（到左侧）。这样可以返回单一的值，或者在发生故障的情况下返回错误消息

```
const findStudent = safeFindObject(DB('student'));
findStudent('444-44-4444').getOrElse(new Student()); //->Right(Student)
```

但是不同于 Maybe.Nothing 结构，Either.Left 结构包含一个可以应用函数的值。如果 findStudent 没有返回一个对象，则可以使用 Left 的 orElse 函数来记录错误：

```
const errorLogger = _.partial(logger, 'console', 'basic', 'MyErrorLogger',
    'ERROR');
findStudent('444-44-4444').orElse(errorLogger);
```

这会将如下信息打印到控制台：

```
MyErrorLogger [ERROR] Student not found with ID: 444-44-4444
```

Either 结构也可用于把代码与可能会抛出异常（由开发者自己或其他人实现的）的函数隔离开来。这样的函数更加类型安全——在早期将异常消除，而不会到处传递下去。比如 JavaScript 的 decodeURI-Component 函数，就可以产生一个 URI 错误：

```
function decode(url) {
    try {
        const result = decodeURIComponent(url);      ← 抛出一个 URIError
        return Either.of(result);
    }
    catch (uriError) {
        return Either.Left(uriError);
    }
}
```

这段代码还将错误的堆栈信息放到了 Either.Left 中，如果有必要，可以将这个异常对象抛出。假设需要解码并跳转到一个 URL。下面的函数对于合法和非法输入都能够正常工作：

```
const parse = (url) => url.parseUrl();
decode('%').map(parse); //-> Left(Error('URI malformed'))    ← 该函数创建
decode('http%3A%2F%2Fexample.com').map(parse);                  于 4.4.2 节
//-> Right(true)
```

　　函数式编程可以避免以往动不动就抛出异常的问题。可以通过将异常对象存储到 Left 结构来延迟异常的抛出。当需要打开 Left 结构时再处理该异常：

```
...

catch (uriError) {
    return Either.Left(uriError);
}
```

　　现在读者应该已经学会用 Monad 效仿 try-catch 的机制了。Scala 用类似的类型 Try 来替代 try-catch。虽然不是一个完整的 Monad，但是 Try 代表着计算有可能会导致异常或返回一个结果。Try 也包括两个类型 Success 和 Failure，这在语义上跟 Either 是等价的。

> **值得探索的函数式编程项目**
>
> 　　这两章的大多数话题，如部分应用、元组、函数组合、Functor 和 Monad 以及后面会提及的概念，都在 Fantasy Land 中有规范（ https://github.com/fantasyland ）。Fantasy Land 定义了如何实现的 JavaScript 代数数据结构。尽管本书一直在使用像 Lodash 和 Ramda 这些易于使用的函数式库，但 Fantasy Land 或者 Folktale（ http://folktalejs.org/ ）也是很值得深入探讨的。

　　Monad 可以帮助你应对软件开发中的不确定性和可能出现的异常。但该如何与外界交互呢？

5.3.3　使用 IO Monad 与外部资源交互

　　Haskell 被视为唯一在很大程度上依赖于 IO Monad 的编程语言，比如文件的读取/写入、打印，等等。其实这可以简单地翻译成 JavaScript，代码看起来像这样：

```
IO.of('An unsafe operation').map(alert);
```

　　虽然这是一个简单的例子，但是可以看到一段错综复杂 IO 被塞进惰性的 Monadic 操作，然后交给平台运行（在例子中，只是发一个简单的警报）。但是 JavaScript 不可避免地需要能够与不断变化的、共享的、有状态的 DOM 相互作用。其结果是，对 DOM 进行任何操作，无论是读还是写，都会产生副作用，违反引用透明性。先从最基础的 IO 操作开始：

```
const read = function(document, id) {          ← 多次调用 read 可能产生
    return document.querySelector(`\#${id}`).innerHTML;    不同的结果
}

const write = function(document, id, val) {    ← 不返回任何值，显然
    document.querySelector(`\#${id}`).innerHTML = value;    会造成改变（不安全
};                                                          操作）
```

当分开执行时，这些函数的输出得不到保证。不但执行顺序很关键，而且调用多次 read 也可以产生不同的结果，比如在此期间 DOM 被另一个 write 调用修改。记住，把不纯的代码隔离出来，就像第 4 章中的 showStudent 一样，就是为了要始终保证一致的结果。

虽然不能避免改变或消除副作用，但至少从应用的角度把 IO 操作当作不可变的。可以将 IO 操作提升到 Monadic 的链式调用中，让 Monad 主导数据流。要做到这一点，可以使用清单 5.7 所示的 IO Monad。

清单 5.7　IO Monad

```
class IO {
  constructor(effect) {
    if (!_.isFunction(effect)) {                    ◁── IO 构造器包含读和
      throw 'IO Usage: function required';              写的操作（比如读
    }                                                    写 DOM）。该操作
    this.effect = effect;                                由 effect 函数表示
  }

  static of(a) {                                   ◁── Unit 函数用于将
    return new IO( () => a );                          值或函数提升至
  }                                                    IO Monad 中

  static from(fn) {                                ◁┘
    return new IO(fn);
  }

  map(fn) {                                        ◁── 映射 Functor
    var self = this;
    return new IO(function () {
      return fn(self.effect());
    });
  }

  chain(fn) {
    return fn(this.effect());
  }

  run() {
    return this.effect();                          ◁── 执行 IO 的惰性调用链
  }
}
```

这个 Monad 跟其他的不太一样，因为它包装的是 effect 函数，而不是一个值。记住，一个函数可以看作一个等待计算的惰性的值。有了这个 Monad，可以将任何 DOM 操作都链接成一个“伪”引用透明的操作，并能确保所有引起副作用的函数的调用顺序不会跑偏。

在展示这一点之前，先将 write 和 read 重构成柯里化函数：

```
const read = function (document, id) {
  return function () {
```

```
        return document.querySelector(`\#${id}`).innerHTML;
    };
};

const write = function(document, id) {
    return function(val) {
        return document.querySelector(`\#${id}`).innerHTML = val;
    };
};
```

为了避免将 document 对象传来传去，把它部分应用到这两个函数上：

```
const readDom = _.partial(read, document);
const writeDom = _.partial(write, document);
```

改完之后，readDom 和 writeDom 都可以链式地调用（也可以组合）。做这些是为了之后可以与 IO 操作连接在一起。考虑这样一个简单的例子，从 HTML 元素读取一个学生的姓名，并将单词的第一个字母大写：

```
<div id="student-name">alonzo church</div>
```

```
const changeToStartCase =
    IO.from(readDom('student-name')).            可以在这里映射任何变
            map(_.startCase).              ←——   换操作
            map(writeDom('student-name'));
```

然后写入 DOM 中。注意，链中的最后一个操作不是纯的。所以，changeToStartCase 应该输出什么呢？使用 Monad 的好处是保持了纯函数的规定。就像任何其他 Monad，map 的输出是 Monad 本身，IO 的一个实例，这意味着在这一阶段什么都还未执行。这里只是声明式地描述了一段 IO 操作。最后，运行下面的代码：

```
changeToStartCase.run();
```

看看 DOM，会发现：

```
<div id="student-name">Alonzo Church</div>
```

可见这是符合引用透明性的 IO 操作！IO Monad 最重要的好处是，它很明显地将不纯分离了出来。正如 changeToStartCase 的定义所示的，IO 容器上映射的转换函数完全从读写操作中隔离出来。完全可以根据需要任意改变 HTML 元素的内容。同时，由于这一切都在同一刻执行，因此可以保证发生在读写操作之间什么都不发生，不会导致不可预测的结果。

Monad 只不过是链式表达式或链式计算。它可以构建流水线上的每一步，像传送带一样对每个步骤进行处理。但链式操作并不是使用 Monad 的唯一方式。使用 Monadic 容器作为返回类型既保持了函数的一致和类型的安全，也保留了引用透明性。如第 4 章提到的，这完全满足了组合链式函数的要求。

5.4 Monadic 链式调用及组合

如前所述，Monad 控制了充满副作用的世界，使得开发者可以在可组合的结构中使用它们。第 4 章中提到，组合是降低复杂性的关键技术，但当时并没有费心去检查无效数据。如果 findStudent 已经返回 null，整个应用就失败了，如图 5.10 所示。

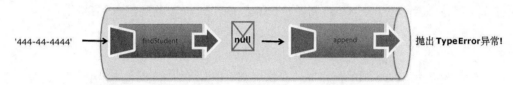

图 5.10 函数 findStudent 和 append 的组合。如果没有适当的检查，前者如果产生 null 的返回值，后者将会失败，抛出 TypeError 异常

幸运的是，只需很少的代码，就可以将 Monad 制成可组合的，从而可以享受流畅的、富有表现力的错误处理机制。如果让管道中的函数能够优雅地避开 null 陷阱，不是很好吗？

如图 5.11 所示，首先是确保将要执行的第一个函数把结果包裹成一个适当的 Monad：Maybe 和 Either 在这种情况下都适用。在函数式编程中，结合函数有两种方式：链和组合。上一章提到，showStudent 有 3 个部分。

- 规范化用户输入。
- 查找学生记录。
- 将学生信息添加到 HTML 页面。

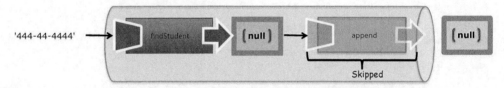

图 5.11 图 5.10 中的两个函数使用 Monad 来传递 null（Maybe 或 Either 都可以），从而优雅地处理错误

甚至还可以添加输入验证的组合，使之更加复杂。因此，这个方案有两个地方可能失败：验证错误或者学生的取操作失败。可以简单地重构一下，用 Either Monad 给出相应的错误消息，如清单 5.8 所示。

清单 5.8　用 Either 重构函数

```
// validLength :: Number, String -> Boolean
const validLength = (len, str) => str.length === len;
```

```
// checkLengthSsn :: String -> Either(String)
const checkLengthSsn = function (ssn) {
    return Either.of(ssn).filter(_.bind(validLength, undefined, 9))
        .getOrElseThrow(`Input: ${ssn} is not a valid SSN number`);
};

// safeFindObject :: Store, string -> Either(Object)
const safeFindObject = R.curry(function (db, id) {
    return Either.fromNullable(find(db, id))
        .getOrElseThrow(`Object not found with ID: ${id}`);
});

// finStudent :: String -> Either(Student)
const findStudent = safeFindObject(DB('students'));

// csv :: Array => String
const csv = arr => arr.join(',');
```

> 除了可以将这些函数提升至 Either 中,还可以直接使用 Monad,并根据错误来提供指定的错误信息

> 重构过的 csv 函数由一个数组返回一个字符串

由于这些函数都已经柯里化,可以部分地求值,构造出新的函数,就像之前那样,再加些日志函数:

```
const debugLog = _.partial(logger, 'console', 'basic',
    'Monad Example', 'TRACE');

const errorLog = _.partial(logger, 'console', 'basic',
    'Monad Example', 'ERROR');

const trace = R.curry((msg, val) => debugLog(msg + ':' + val));
```

完成! 在 Monadic 式的操作确保数据可以轻松地通过函数调用,不需要任何额外的成本。来看看应该如何使用 Either 和 Maybe 自动处理 showStudent 的错误,如清单 5.9 所示。

清单 5.9 使用自动错误处理的单子 showStudent

```
const showStudent = (ssn) =>
    Maybe.fromNullable(ssn)
        .map   (cleanInput)
        .chain(checkLengthSsn)
        .chain(findStudent)
        .map   (R.props(['ssn', 'firstname', 'lastname']))
        .map   (csv)
        .map   (append('#student-info'));
```

> map 和 chain 函数可以用于在 Monad 中对数据进行变换。Map 返回一个 Monad,而为了避免嵌套,将 chain 与 map 交叉使用来保证在调用过程始终都是单层的 Monad

> 从对象中将选择的属性提取为一个数组

清单 5.9 显示了如何使用 chain 函数。这只不过使用 map 然后 join 的快捷方式,从而防止 Monad 出现嵌套的层次结构。跟 map 一样,但是 chain 在应用完函数后不会再包多余的一层 Monad 类型。

此外,需要注意这两个 Monad 可以无缝地交错(interleave)。这是因为 Either 或者 Maybe 实现了相同的 Monad 接口。现在,可以试着调用如下代码:

```
showStudent('444-44-4444').orElse(errorLog);
```

这会产生两种结果：如果学生对象成功找到，就追加学生信息到 HTML：

```
Monad Example [INFO] Either.Right('444-44-4444, Alonzo,Church')
```

否则，跳过整个操作，并使用 OrElse 子句：

```
Monad Example [ERROR] Student not found with ID: 444444444
```

使用链并不是唯一的模式。也可以很容易地通过函数组合引入错误处理逻辑。要做到这一点，就要把面向对象的那些方法转换成多态的函数，让这些函数可以应用在任何 Monad 类型上（按照里氏替换原则）。具体的，例如创建通用的 map 和 chain 函数，如清单 5.10 所示。

清单 5.10　通用的 map 和 chain 函数

```
// map :: (ObjectA -> ObjectB), Monad -> Monad[ObjectB]
const map = R.curry(function (f, container) {
    return container.map(f);
});

// chain :: (ObjectA -> ObjectB), M -> ObjectB
const chain = R.curry(function (f, container) {
    return container.chain(f);
});
```

现在可以使用这些函数将 Monad 注入函数组合好的表达式中。清单 5.11 的结果会和清单 5.9 一样。由于 Monad 控制了表达式到下一表达式的数据流，这种编程方式也被称为可编程逗号（programmable commas），也就是 point-free。在这种情况下，逗号用来分割表达式，就像 JavaScript 中用分号来分割语句一样。此外，大量 trace 语句的使用可以明示数据流过函数的过程（日志记录语句对于调试来说也非常有用）。

清单 5.11　Monad 用作可编程逗号

```
const showStudent = R.compose(
    R.tap(trace('Student added to HTML page'))
    map(append('#student-info')),
    R.tap(trace('Student info converted to CSV')),
    map(csv),
    map(R.props(['ssn', 'firstname', 'lastname'])),
    R.tap(trace('Record fetched successfully!')),
    chain(findStudent),
    R.tap(trace('Input was valid')),
    chain(checkLengthSsn),
    lift(cleanInput));
```

运行代码后，控制台会打印出以下的日志消息：

```
Monad Example [TRACE] Input was valid:Either.Right(444444444)

Monad Example [TRACE] Record fetched successfully!: Either.Right(Person
[firstname: Alonzo| lastname: Church])
```

```
Monad Example [TRACE] Student converted to row: Either.Right(444-44-4444,
Alonzo, Church)

Monad Example [TRACE] Student added to roster: Either.Right(1)
```

> **追踪程序**
>
> 清单 5.11 展示了这段代码多么容易追踪。无须把代码嵌入函数体上，可以通过日志代码描述调用前和调用后的函数，这非常有利于整个程序的问题追踪和定位。如果写成面向对象的风格，就不可能做到这一点，除非修改实际函数或者使用切面编程，但是这些代价都过于庞大。然而函数式编程中，这一切都这么轻松！

　　最后归纳一下整个流程，如图 5.12 所示。图 5.13 描述的是 findStudent 不成功的情况下程序的行为。

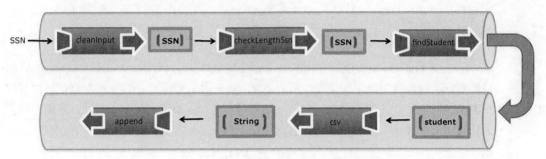

图 5.12　在 findStudent 成功地找到了 SSN 的学生
对象情况下，showStudent 函数的数据流

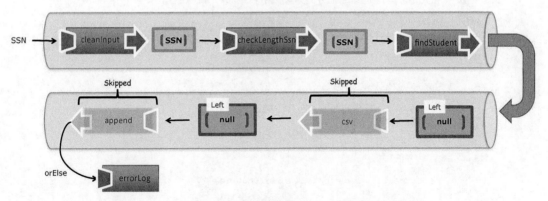

图 5.13　在 findStudent 不成功的情况下，对其余部分的影响。
管道中任何组件的故障都会被优雅地跳过

　　那么，showStudent 是不是就止步于此了？不尽然。从前面 IO Monad 的讨论来看，还可以在 DOM 的读写上有所改进：

```
map(append('#student-info')),
```

由于 append 已经自动柯里化，很容易映射到 IO。接下来要做的事情是把值提升到 csv，通过映射 R.identity 函数到 IO 来提取其内容，然后连接两个操作：

```
const liftIO = function (val) {
    return IO.of(val);
};
```

这将产生清单 5.12 所示的程序。

清单 5.12　完整的 showStudent 程序

```
const showStudent = R.compose(
    map(append('#student-info')),
    liftIO,
    map(csv),
    map(R.props(['ssn', 'firstname', 'lastname'])),
    chain(findStudent),
    chain(checkLengthSsn),
    lift(cleanInput));
```

结合了 IO monad，能使所实现的这一切变得更棒。可以看到，showStudent(SSN) 已经贯穿了验证和获取学生记录的所有逻辑。接下来只需运行并等程序跑完把数据写到屏幕上。因为已经提升了数据到 IO Monad，需要真正调用它的 run 函数，才能把惰性的计算都进行求值，最终把结果刷新到屏幕上：

```
showStudent(studentId).run(); //-> 444-44-4444, Alonzo, Church
```

使用 IO 的常用模式是把所有不纯的操作都累积到最后。这样生成的程序可以一步一个脚印地完成所有必要的业务逻辑，留下最后"端盘子上菜"的杂活留给 IO Monad 来完成，这样做既声明式，又无副作用。

回顾一下非函数式版本的 showStudent，就能体会到函数式的代码是多么易于推理：

```
function showStudent(ssn) {
    if(ssn != null) {
        ssn = ssn.replace(/^\s*|\-|\s*$/g, '');
        if(ssn.length !== 9) {
            throw new Error('Invalid Input');
        }
        let student = db.get(ssn);
        if (student) {
            document.querySelector(`#${elementId}`).innerHTML =
                `${student.ssn},
                 ${student.firstname},
                 ${student.lastname}`;
        }
        else {
            throw new Error('Student not found!');
        }
    }
}
```

```
else {
    throw new Error('Invalid SSN!');
}
}
```

　　由于有副作用、缺乏模块化以及命令式的错误处理，这段代码很难使用和测试。我们将在下一章更仔细地分析这一点。所以函数组合用于控制程序的流程，Monad 则用于控制数据流。在函数式编程生态系统中，二者可能是最重要的概念了。

　　随着本章的结束，第二部分也接近尾声了。希望开发者的工具箱中已经配备了所有现实世界需要的函数式解决方案。

5.5　总结

- 面向对象抛异常的机制让函数变得不纯，把大部分的责任都推到了调用者的尝试——try-catch 逻辑上。
- 把值包裹到容器中的模式是为了构建无副作用的代码，把可能不纯的变化包裹成引用透明的过程。
- 使用 Functor 将函数应用到容器中的值，这是无副作用地、不可变地访问和修改操作。
- Monad 是函数式中用来降低应用复杂度的设计模式，通过这种模式可以将函数编排成安全的数据流程。
- 交错的组合函数和 Monadic 类型是非常有弹性而且强大的，如 Maybe、Either 和 IO。

第三部分

函数式技能提升

在第一部分和第二部分中，我们介绍了函数式编程应用到现实世界问题所需要的工具。读者应该从中学到了一些新技术和新的设计模式，这所有的一切都以消除副作用为目的，这样才能使代码模块化、可扩展、易于推理。这一部分将会使用这些知识来解决 JavaScript 应用单元测试的挑战，将函数式作为代码的保护伞，处理异步事件带来的复杂数据。

第 6 章的重点是命令式的单元测试，以及探究为什么函数式编程本质上是更可测试的、更简单的。引用透明带来的好处是可以进行基于属性的测试（property-based testing）。

第 7 章探讨了 JavaScript 的函数上下文，以及深层嵌套函数闭包和递归时应考虑到的性能。为了提高整体应用性能，读者应了解惰性求值、记忆化及尾递归调用优化。

第 8 章会介绍更多针对复杂应用的 Monadic 设计模式。本章着重关注两个常见的 JavaScript 任务：异步地从服务器或数据库获取数据；使用 RxJS 响应式的编程方式替代传统的函数式回调。

完成本书的学习后，读者应能自如地在职业领域中运用函数式编程技术。

第 6 章　坚不可摧的代码

本章内容
- 函数式编程会如何改变测试方式
- 认识到测试命令式代码的挑战
- 使用 QUnit 测试函数式代码
- JSCheck 探索属性测试
- 使用 Blanket 测量程序的复杂性

有好篱笆，才有好邻居。

——Robert Frost，《Mending Wall》

通过学习第一部分和第二部分的内容，读者应该已经注意到了本书的中心主题：函数式编程使代码更容易理解、阅读和维护。甚至可以说，函数式编程的声明式特性使代码自成文档。

现在，如何证明所写的函数式代码能工作？换句话说，如何确保它满足客户的要求？唯一的办法就是编写一个测试来验证代码的结果是否符合预期。函数式的思考方式会对应用级别的代码产生很深的影响，所以，测试也不例外。

创建单元测试，以确保代码满足问题的说明，并涵盖各种可能会导致其失败的边界条件。写过单元测试的读者可能已经发现，编写命令式程序的测试，特别是在大型代码库中，会是一个艰巨的任务。由于存在副作用，当命令式代码做出对全局状态的假设失误时，就会引发错误。同样，有些测试还不能单独运行，必须要保持正确的调用顺序，才会得到一致的结果。这些因素通常导致大多数测试都是代码写完之后补的，甚至不加测试。

　　本章将探究为什么函数式代码本质上就是可测的，而在大多数其他范式就必须通过刻意的设计使之易于测试。有很多关于测试的最佳实践，例如消除外部依赖，使函数可预测之类的，其实都是函数的核心原则。引用透明的纯函数带来了更先进的测试方法——基于属性的测试。在开始之前，先来了解函数式编程对不同类型测试的影响，并把重点放在最有帮助的"单元测试"之上。

6.1　函数式编程对单元测试的影响

　　通常有 3 种测试类型：单元测试、集成测试和验收测试。在测试金字塔（见图 6.1）中，从验收测试（顶部）到单元测试（底部），函数式编程的影响越来越大。这是非常显而易见的，因为函数式编程是一种专注于函数和模块，及其组合的软件开发模式。

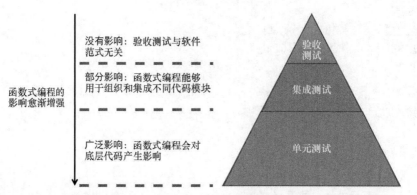

图 6.1　函数式编程是着重于代码的软件模式，其影响力主要集中于单元测试的设计，
对集成测试影响并不大，对验收测试不太有影响

　　虽然 Web 应用程序的外观、易用性和适航性测试对用户很重要，但这些离代码都非常远，无论代码用函数式还是命令式写并不是很重要。这种情况更适合用自动化测试框架。对于集成测试，正如第 4 章提到的，函数式编程把应用程序分割成不同的组件再组合，毫无疑问，前提是需要知道它们的联系。因此，只需要遵循函数式编程范式，集成测试将能节省大量的时间。

　　函数式编程的真正重点当然是函数、模块单元以及它们之间的交互。本书选取的测试库是流行的 QUnit。本书不会介绍如何搭建这个测试环境。如果之前配置过任何单元测试库，那么搭建 QUnit 将是十分简单的任务。当然，读者也可以在本书的附录中找到更多细节。

　　单元测试的基本结构如下：

```
QUnit.test('Test Find Person', function(assert) {
  const ssn = '444-44-4444';
  const p = findPerson(ssn);
  assert.equal(p.ssn, ssn);
});
```

测试代码都不会混在应用代码中，而是放在另一个 JavaScript 文件中，然后把所有需要的函数导入即可。由于副作用和突变的存在，单元测试命令式的代码非常具有挑战性。下面来看一些测试命令式代码的"痛点"。

6.2　测试命令式代码的困难

测试命令式代码和写命令式代码一样难受。测试命令式代码是真正的挑战，因为它基于全局状态与变化，而不是控制数据流，再在其中加入计算。设计单元测试的其中一个主要原则是隔离。单元测试应该不需要察觉到周围其他测试或数据，但代码中的副作用使得这一原则很难履行。

命令式代码的特点如下。

- 很难识别或拆分成简单任务。
- 依赖于共享资源，使得测试结果不一致。
- 强行预定义求值的顺序。

下面具体来看其中的一些挑战。

6.2.1　难以识别和分解任务

单元测试本应测试应用程序中非常小的部分。在过程式的程序中，确定模块的单位是非常困难的，因为从一开始就没有以直观分割的方式设计。在这种情况下，测试单元是封装了业务逻辑的函数。例如，本书前面提到的 showStudent 的命令式版本。图 6.2 尝试将它分割成一些部分。

可以看到，该程序由紧密耦合的业务逻辑组成，业务在各个方面都与程序相互联系。完全没有理由让数据验证、获取学生记录以及修改 DOM 耦合在一起。这些完全可以拆成单独的业务单元再组合进来。此外，通过第 5 章的介绍，错误处理逻辑应该用 Monad 来分离处理。

> **Monad 和错误处理**
>
> 第 5 章介绍了一些设计模式，比如如何删除错误处理代码，同时仍保持它们的容错。通过使用 Maybe Monad 和 Either Monad，开发者可以写出 point-free 风格的代码，让错误在组件间安全地传递，确保程序保持响应。

```
function showStudent(ssn) {
    if(ssn !== null) {
        ssn = ssn.replace(/^\s*|\-|\s*$/g, '');
        if(ssn.length !== 9) {
            throw new Error('Invalid input');
        }

        var student = db.get(ssn);

        if (student !== null) {
            var info =
                `${student.ssn},
                 ${student.firstname},
                 ${student.lastname}`;
            document.querySelector(`\#${elementId}`)
                .innerHTML = info;
            return info;
        }
        else {
            throw new Error('Student not found!');
        }
    }
    else {
        return null;
    }
}
```

1 | 数据校验

2 | IO 写入外部存储

3 | DOM 的读写

4 | 错误处理

图 6.2   showStudent 中的单一功能函数。为了简化编写测试，这些部分应分成与验证、
IO 和错误处理相独立的函数

　　为了提高函数式的可测试性，开发者需要想办法按纯与不纯将代码分割成松散耦合
的组件。由于有副作用，比如对 DOM 或外部存储的读写操作，不纯的代码会很难测试。

6.2.2　对共享资源的依赖会导致结果不一致

　　第 2 章中提到，用 JavaScript 自由访问全局数据是有多么不明智。测试具有副作用的
代码需要格外小心，因为需要负责管理函数相关的所有状态。很多情况下，增加一个新的
测试会导致其他很多不相关的测试失败。为什么会这样？为了使测试可靠，必须保证每个
测试自包含并独立于其他测试，这意味着每个单元测试基本上运行在其自己的沙箱中，保
持系统的状态完全不受影响。违反此规则的测试可能不会每次都产生相同的结果。

　　下面用一个简单点的例子进行说明。回想一下命令式的 increment 函数：

```
var counter = 0;  // (global)

function increment() {
    return ++counter;
}
```

　　可以写一个简单的单元测试，使其返回 1。但是如果运行 100 次，返回的还是 1 吗？

因为该函数修改依赖来自外部的数据（见图 6.3）。

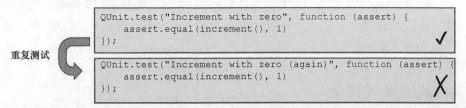

图 6.3　重复命令式的 increment 函数的单元测试是不可能通过的，因为函数依赖了外部的计数器变量

　　因为第一次修改了外部计数器变量，依赖于同样变量的第二次测试自然不会再返回 1，所以第二次测试失败了。同理，有副作用的函数也容易因顺序变化而发生错误。下面就此进行验证。

6.2.3　按预定义顺序执行

　　单元测试应该是符合交换律的，意思是说，即使改变测试运行的顺序，也不应该对结果有任何影响。跟前面的原因一样，不纯的函数也不符合这一原则。要解决此问题，单元测试库，例如 QUnit 含有一些在建立和关闭时可以配置全局测试环境的外部机制。但一个测试的设置可能会跟另一个完全不同的，所以不得不在每个测试开始时设立先决条件。这也意味着，对于每个测试，测试人员需要负责识别被测代码中的所有副作用（外部依赖）。

　　为了说明这一点，先创建一个 increment 的简单测试来验证其对负数、零和正数的行为（见图 6.4）。在第一次运行时（左侧图），所有测试都通过了。当随机打乱测试（右侧图）的顺序后，第二测试失败。这是因为测试运行在建立好的周边状态的假设上。

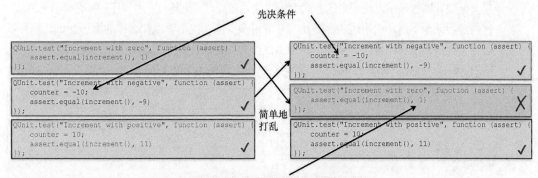

图 6.4　在错误的系统的全局状态设定下，会直接导致测试失败。左侧图显示了所有测试完全执行，因为每个测试在执行时的状态均正确。但如果打乱测试（右侧图），测试状态的假设就不成立了

　　就算把每一个测试的状态都设置正确，让测试通过，但也不能保证它们的位置。只

需要简单换一下位置，就足以让所有断言失效。

运用函数式的思维有助于构建可靠的测试。如果代码是函数式风格，这些好处将不请自来。预期往测试代码中硬塞函数式原则，还不如一开始就投入时间写函数式的代码。下面来看测试函数式代码的好处。

6.3　测试函数式代码

无论是测试命令式还是函数式代码，很多单元测试的最佳实践，如隔离、可预测性和可重复性，都可以通过函数式编程获得。因为每一个函数都明确规定所有输入参数，所以只需简单地使用边界条件作为参数输入验证函数中的所有路径即可。相对于副作用，像前面的章节提到的意义，所有不纯的代码都可以放到 Monad 中，纯的代码都可以简单明确地定义。

此外，循环完全可以通过诸如 map、reduce、filter 和递归，或者一些无副作用的函数式库替代。这些技术和设计模式有助于有效地抽象复杂代码，从而只需集中精力测试主要的业务逻辑部分。

测试函数式代码的好处如下。

- 把函数当作黑盒子。
- 专注于业务逻辑，而不是控制流。
- 使用 Monadic 隔离纯和不纯的代码。
- Mock 外部依赖。

6.3.1　把函数当作黑盒子

函数式编程鼓励以松耦合的方式对一组输入做处理，使其与应用程序的其余部分相独立。这些函数无副作用，引用透明，因此不管调用多少次，也不管以什么样的顺序测试，都可以很容易地预测测试结果。这样就可以把函数作为黑盒子，只专注于由给定的输入断言相应的输出。测试 showStudent 函数的代价与测试 increment 函数是一个级别的，如图 6.5 所示。

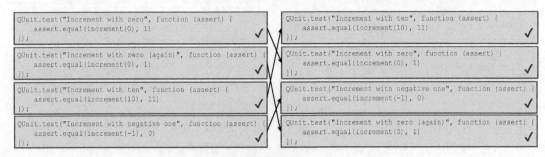

能够以任意顺序执行

图 6.5　针对 increment 函数的测试，可以重复或以不同的顺序进行，而不改变其结果

第 1 章中提到，在函数签名中明确地声明所有参数，会使其更可配置，从而使得测试更为简单——因为调用时显然知道应该给什么样的参数，返回什么样的结果。简单函数通常只有一两个参数，这样很容易组合成功能更丰富的函数。

6.3.2　专注于业务逻辑，而不是控制流

本书始终贯彻把任务分解成简单函数的模式。第 1 章提到，编写函数式代码时，会花大部分的时间来分解问题，这是非常具有挑战性的。剩下的事情只是将函数组合在一起。幸运的是，Lodash 和 Ramda 库为 JavaScript 提供了像 curry 和 compose 这样的函数黏合剂。在结合 4.6 节的组合子，前期分解问题所花费的时间将会在测试阶段收到回报。唯一的任务就是测试这些组成主要逻辑的一个个函数。下面开始编写函数式版本的 computeAverageGrade 的测试。该函数的代码如清单 6.1 所示。

清单 6.1　测试 computeAverageGrade 程序

```
const fork = function(join, func1, func2){
    return function(val) {
        return join(func1(val), func2(val));
    };
};

const toLetterGrade = function (grade) {
    if (grade >= 90) return 'A';
    if (grade >= 80) return 'B';
    if (grade >= 70) return 'C';
    if (grade >= 60) return 'D';
    return 'F';
};

const computeAverageGrade =
    R.compose(toLetterGrade, fork (R.divide, R.sum, R.length));

QUnit.test('Compute Average Grade', function(assert) {

    assert.equal(computeAverageGrade([80, 90, 100]), 'A');
});
```

该程序用了许多简单的函数，如 Ramda 的 R.divide、R.sum 和 R.length，还用了自定义函数组合子 fork，再将其结果与 toLetterGrade 组合。Ramda 提供的函数已经测试过了，因此没有必要自己再测一遍。这也是使用函数式库带来的好处，所以剩下需要做的只是写 toLetterGrade 的单元测试：

```
QUnit.test('Compute Average Grade: toLetterGrade', function (assert) {

    assert.equal(toLetterGrade(90), 'A');
    assert.equal(toLetterGrade(200),'A');
    assert.equal(toLetterGrade(80), 'B');
    assert.equal(toLetterGrade(89), 'B');
    assert.equal(toLetterGrade(70), 'C');
```

```
        assert.equal(toLetterGrade(60), 'D');
        assert.equal(toLetterGrade(59), 'F');
        assert.equal(toLetterGrade(-10),'F');
});
```

由于 `toLetterGrade` 是纯的，因此可以随意地运行任何多次，用不同的输入来覆盖所有边界条件。而且由于它是引用透明的，因此还可以随意调整测试数据，不用害怕结果会发生任何变化。本书后续章节会介绍如何自动生成输入。但现在只需要关注该函数对一系列输入都能返回期望的结果。现在程序的各个部分都已经测试了，可以安全地设定程序作为一个整体也是可以正常工作的，因为它是由函数组成和函数组合子完成的。

那么 `fork` 是什么？函数式组合子并没有什么业务逻辑，只是单纯地安装应用的数据流编排函数调用，因此也不需要太多的测试。4.6 节提到的组合子完全可以替代控制语句，如 `if-else()` 和循环。

一些库实现了很多好用的组合子，例如 `R.tap`。但是像自定义的（如 `fork`），也完全可以独立于应用程序的业务逻辑来进行测试。为了完整起见，让我们给 `fork` 写一个测试，而且这是一个使用 `R.identity` 的好地方：

```
QUnit.test('Functional Combinator: fork', function (assert) {

        const timesTwo = fork((x) => x + x, R.identity, R.identity);
        assert.equal(timesTwo(1), 2);
        assert.equal(timesTwo(2), 4);
});
```

再次强调，只需这样一个简单的测试即可，因为组合子与程序业务是完全无关的，只会受到参数影响。使用函数式库，函数组合和组合子使开发和测试变得简单，但是处理不纯的行为就容易导致混乱。

6.3.3   使用 Monadic 式从不纯的代码中分离出纯函数

前面的章节提到，大多数程序都有纯的和不纯的部分。特别是在客户端的 JavaScript，它的存在就是为了跟 DOM 交互。在服务器上，数据库或文件读取也是不纯的部分。前面介绍了使用纯或不纯的函数组合成程序的方法。但是，它们仍然不纯。开发者可以依靠 IO Monad 把纯度再扩大一些，从应用程序的角度看，这样能得到引用透明性，使程序更声明式、更易推理。除了 IO，还会用其他 Monad（如 `Maybe` 或 `Either`）建立能在异常情况下依然正常响应的程序。有了这些技术，开发者已经可以控制大多数的副作用。但是当 JavaScript 代码需要读写 DOM 时，如何保证测试仍然保持隔离和可重复的？

回想一下非函数式版本的 `showStudent`，分离其中不纯的部分还挺麻烦的：一个缺点是，所有逻辑都混在一起，在测试时只能当作一个整体。这样毫无效率可言，因为所要验证的只是逻辑，却要每次都运行整个应用，比如 db.get(ssn)。另一个缺点是，不能彻底地测试它，因为所有语句紧密耦合着。例如，第一个代码块就有可能因为验证不通过而退出函数，这样测试数据就到不了 db.get(ssn) 这一步。

此外，函数式编程的目的是让业务减少导致副作用的函数（如 IO），这样就可以增加应用程序逻辑的可测范围，同时解耦不需要负责的 IO 边界测试。再来看 showStudent 的函数式版本：

```
const showStudent = R.compose(
  map(append('#student-info')),
  liftIO,
  getOrElse('unable to find student'),
  map(csv),
  map(R.props(['ssn', 'firstname', 'lastname'])),
  chain(findStudent),
  chain(checkLengthSsn),
  lift(cleanInput));
```

仔细对照函数式版本和非函数式版本的代码，就会发现函数式版本是如何使用组合和 Monad 来拆分命令式版本的。这样做立刻扩大了 showStudent 的可测试范围，并且清楚地识别与分离了纯和不纯的函数（见图 6.6）。

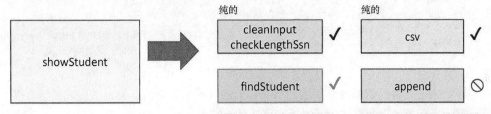

图 6.6　识别 showStudent 程序的可测试区域。执行 IO 中的组件是不纯的，含有副作用，所以不能可靠地进行测试。除了这个不纯的部分，整个程序的可测试范围依然很高

下面来分析 showStudent 组件的可测试性。5 个函数中，只有 3 个能够可靠地测试：cleanInput、checkLengthSsn 和 CSV。虽然 findStudent 阅读来自外部资源的数据时有副作用，但本节后面会解决这个问题。余下的 append 函数没有真正的业务逻辑，因为它只是简单地把给它的数据放到 DOM 上而已。这个函数并不需要关注，测试 DOM API 这种事情完全可以留给浏览器厂商。函数式编程可用于可以把一个难以测试的程序拆分成高度可以测试的一些小部分。

现在来对比清单 6.2 中的非函数式、紧耦合的代码。在函数式版本中，可以可靠测试的程序大约占 90%，而在命令式的版本中，会面临与 increment 函数类似的命运——打乱测试顺序会"挂掉"测试。

清单 6.2 显示了图 6.6 中对每个可测组件的单元测试。

清单 6.2　单元测试 showStudent 纯的部分

```
QUnit.test('showStudent: cleanInput', function (assert) {

    const input = ['', '-44-44-', '44444', '    4    ', '    4-4    '];
    const assertions = ['', '4444', '44444', '4', '44'];

    assert.expect(input.length);
    input.forEach(function (val, key) {
        assert.equal(cleanInput(val), assertions[key]);
    });
});

QUnit.test('showStudent: checkLengthSsn', function (assert) {

    assert.ok(checkLengthSsn('444444444').isRight);
    assert.ok(checkLengthSsn('').isLeft);
    assert.ok(checkLengthSsn('44444444').isLeft);
    assert.equal(checkLengthSsn('444444444').chain(R.length), 9);
});

QUnit.test('showStudent: csv', function (assert) {

    assert.equal(csv(['']), '');
    assert.equal(csv(['Alonzo']), 'Alonzo');
    assert.equal(csv(['Alonzo', 'Church']), 'Alonzo,Church');
    assert.equal(csv(['Alonzo', '', 'Church']), 'Alonzo,,Church,');
});
```

以不同长度并
包含空格的字
符串作为输入

以 Either.isLeft 或
Either.isRight 来检测
Monad 中的内容

　　由于这些函数都是分离的、自我可测的（稍后会介绍如何自动生成测试数据），因此可以随意地进行重构而不用担心破坏其他的部分。

　　还有最后一个函数的测试：findStudent。这个函数是从不纯的 safeFindObject 抽出来的，用来从外部存储中查找学生记录。此函数所产生的副作用可以通过 mock 的技术控制。

6.3.4　mock 外部依赖

　　mock 是一种流行的测试技术，用来模拟和控制函数的外部依赖，可以用来处理某些副作用。如果 mock 对象的期望没有达到，就会导致测试失败。它们就像一种可编程虚拟方法（或存根 stub），这样就可以在测试断言前配置与这个对象的预期行为。在这种情况下，mock 数据库对象就可以提供这个外部资源的完全控制权，从而创造更多可预测的、一致的测试。具体来讲，会使用 QUnit 的 mock 插件 Sinon.JS（关于如何设置该插件的详细信息参见附录）。

　　Sinon.JS 可以使用 sinon 对象来创建模拟环境中所有可访问对象的 mock 版本。对于前述示例，需要 mock DB 对象：

```
const studentDb = DB('students');
const mockContext = sinon.mock(studentDb);
```

通过这种 mock 上下文环境，开发者可以为它设计多个期望的行为，比如应该调用多少次、应该接收到什么样的参数以及返回什么样的返回值。为了验证 Either Monad 返回 safeFindObject 的行为，可以创建两个单元测试：一个返回 Either.Right 类型，另一种返回 Either.Left。使用 findStudent 的柯里化版本，可以方便地注入任何存储的实现，类似于在第 4 章中工厂方法的模式。如清单 6.3 所示，这个函数调用存储对象的 get 方法，现在可以方便地控制其返回所需的返回值。

清单 6.3　mock `findStudent` 的外部依赖

```
var studentStore, mockContext;

QUnit.module('CH06',
{
  beforeEach: function() {                    ← 为所有单元测
    studentDb = DB('students');                 试预备 mock 的
    mockContext = sinon.mock(studentDb);        上下文
  },
  afterEach: function() {                     ← 在测试完后，清
    mockContext.verify();                       除上下文状态
    mockContext.restore();
  }                                           ← 验证 mock 在上下
});                                             文中配置的断言

QUnit.test(showStudent: findStudent returning null',
  function (assert) {
                                              第一个单元测试
    mockContext.expects('get').once().returns(null);   中，被 mock 对
                                              象的 get 方法能
    const findStudent = safefetchRecord(studentStore);  够模拟地被调用
                                              （有且仅有）一次
    assert.ok(findStudent('xxx-xx-xxxx').isLeft);  ← 并返回 null
});
                                              ← 检查返回值应被包
                                                裹在 Either.Left 中
QUnit.test('showStudent: findStudent returning valid object',
  function (assert) {
                                              第二个单元测试中，被
    mockContext.expects('get').once().returns(   ← mock 对象的 get 方法允
        new Student('Alonzo', 'Church', 'Princeton').  许模拟地被调用一次并
          setSsn('444-44-4444'));             返回一个合法的结果

    const findStudent = safefetchRecord(studentStore);

    assert.ok(findStudent('444-44-4444').isRight);  ← 检查返回值应被包裹
});                                                在 Either.Right 中
```

showStudent 可测试部分的 QUnit 和 sinon.JS 的测试结果如图 6.7 所示。

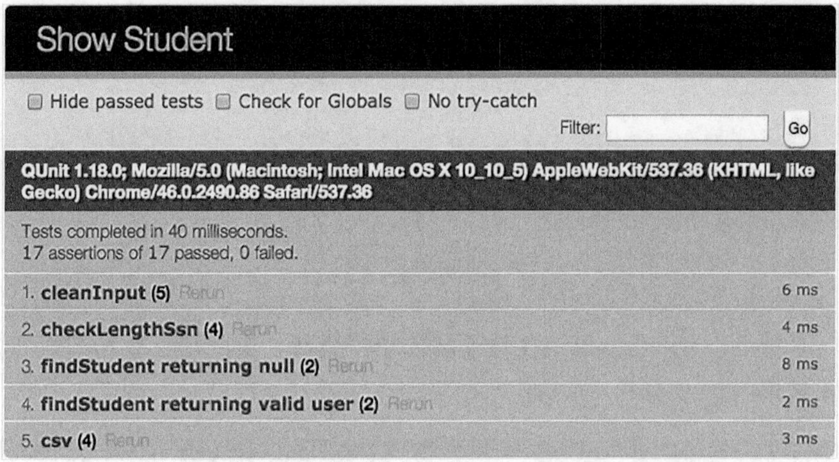

Show Student

☐ Hide passed tests ☐ Check for Globals ☐ No try-catch

Filter: [＿＿＿＿＿＿] Go

QUnit 1.18.0; Mozilla/5.0 (Macintosh; Intel Mac OS X 10_10_5) AppleWebKit/537.36 (KHTML, like Gecko) Chrome/46.0.2490.86 Safari/537.36

Tests completed in 40 milliseconds.
17 assertions of 17 passed, 0 failed.

1. **cleanInput** (5)　Rerun	6 ms
2. **checkLengthSsn** (4)　Rerun	4 ms
3. **findStudent returning null** (2)　Rerun	8 ms
4. **findStudent returning valid user** (2)　Rerun	2 ms
5. **csv** (4)　Rerun	3 ms

图 6.7　运行 `showStudent` 程序的所有单元测试。测试 3 和 4 使用的是 QUnit 和 Sinon.JS，因为它们需要 mock 获取学生记录的功能

函数式代码比命令式代码更好测试的主要原因可以归结为一个原则：引用透明。断言的本质就是验证其满足引用透明性：

```
assert.equal(computeAverageGrade([80, 90, 100]), 'A');
```

后文还会涉及很多关于引用透明性的概念。这个概念也可以扩展到软件开发的其他领域，如程序规格。毕竟，测试的唯一目的是验证系统的规格是否得到满足。

6.4　通过属性测试制定规格说明

单元测试可以作为文档，因为它包含函数的运行规范，比如 `computeAverageGrade`：

```
QUnit.test('Compute Average Grade', function (assert) {
    assert.equal(computeAverageGrade([80, 90, 100]),'A');
    assert.equal(computeAverageGrade([80, 85, 89]), 'B');
    assert.equal(computeAverageGrade([70, 75, 79]), 'C');
    assert.equal(computeAverageGrade([60, 65, 69]), 'D');
    assert.equal(computeAverageGrade([50, 55, 59]), 'F');
    assert.equal(computeAverageGrade([-10]),        'F');
});
```

读者应该能由此想象出一个简单的文档。

■　如果学生的平均分是 90 或以上，可授予 A。

■　如果学生的平均分是 80 和 89 之间，授予 B。

■　……

系统规范通常用自然语言描述，但自然语言表达需要一定的上下文，否则很容易在翻译代码时产生歧义。这样导致开发者会不断地向产品经理确认一些含糊的规范。造成

模糊的主要原因是采用了命令行式风格来编写文档，比如 if-then 的条件语句：if 是 A 情况，then 系统应该做 B。这种方法的缺点是，它并没有描述全部的边界条件。如果情况 A 不发生怎么办？系统应该要做什么？

　　良好的规格说明不应该基于条件，而应该是通用的、普遍的。看看下面这两个语句措辞的略微不同。

■　如果学生的平均分是 90 以上，授予 A。

■　只有平均 90 分以上的奖学生可以获得 A。

　　通过拆除命令式的条件语句，第二条语句显得更加完整。它不仅表示当学生达到 90 以上会发生什么，也表明了限制条件为制定数值范围外的情况都不会是 A。但是这一点不能从第一句话得出。

　　更通用的要求更容易实现，因为它们不依赖于系统中任何时间点的状态。就像单元测试，良好的规格既没有副作用，也不会对上下文做出任何假设。

　　引用透明的规范有助于对函数及其输入条件做出清晰的定义。由于引用透明的函数对一定输入的返回永远是一致的，因此可以很轻易地用自动化测试来覆盖。这样就引入了基于属性测试这种更加引人注目的测试方式。属性测试需要描述函数对某些类型的输入会得到某些类型的输出。测试框架的规范或参考实现为 Haskell 的 QuickCheck。

QuickCheck：Haskell 的属性测试库

　　QuickCheck 可以为 Haskell 库程序基于属性随机生成测试数据。比如在程序中定义好函数应该满足的属性，QuickCheck 生成符合属性的测试用例，并生成一个报告。更多信息参见 https://hackage.haskell.org/package/QuickCheck。

　　JavaScript 也有一个类似 QuickCheck 的库，名为 JSCheck（见附录的配置信息），作者是 Douglas Crockford[1]，他是《JavaScript 语言精粹》的作者（O'Reilly 出版，2008）。JSCheck 是为函数或程序创建引用透明性规范的技术手段。它通过生成大量的随机测试来保证函数所有路径都被覆盖。

　　此外，基于属性的测试也可以很好地防止重构的代码引入 bug。JSCheck 工具的主要优点是，它生成测试数据的算法。它所生成的某些边界情况很有可能是开发者自行编写测试代码时很难想到的。

　　JSCheck 模块封装在全局对象 JSC 里：

```
JSC.claim(name, predicate, specifiers, classifier)
```

　　该库的核心是需要创建 claims 和 verdicts。claim 是由以下部分组成。

---

[1] Douglas Crockford 是很受欢迎的程序员、作家和演讲者，他以积极推进 JavaScript 语言、推广 JSON 和创建 JSLint、JSMin 和 JSCheck 等闻名。他也是《JavaScript 语言精粹》一书的作者。

- 命名——claim 的描述（类似于 QUnit 的测试说明）。
- 谓词——返回为 false 或者 true 的函数。
- 说明符——描述输入参数的类型以及生成随机数据集的规范。
- 分类器（可选）——可用于拒绝对某些不适用的测试用例。

claims 会被传递到 JSCheck.check 来运行随机测试用例。claim 可以通过 JSCheck.test 构造。下面简单地写一个 computeAverageGrade 的 JSCheck 规范，就按照例子的规格："只有平均 90 分或以上的学生可以获得 A"。代码如清单 6.4 所示。

清单 6.4　computeAverageGrade 基于属性的测试

```
JSC.clear();                                    ← 以 JSC.clear 作为开始来初始化
JSC.on_report((str) => console.log(str));          一个全新的测试上下文

JSC.test(
claim 的   'Compute Average Grade',
描述      function (verdict, grades, grade) {         ← 谓词函数会传递
            return verdict(computeAverageGrade(grades) === grade);   verdict 对象来定
         },                                                        义测试的条件
         [
           JSC.array(JSC.integer(20), JSC.number(90,100)),
           'A'
         ],
         function (grades, grade) {
           return 'Testing for an ' + grade + ' on grades: ' + grades;
         }
);
```

签名数组用来描述生　　　　　　　　　　　　　　分类器会在每个测试中
成得 A 平均值的规则　　　　　　　　　　　　　调用，因此可以用来将
　　　　　　　　　　　　　　　　　　　　　　数据附加到测试报告中

在清单 6.4 中，使用声明说明符来表达程序的属性。

- JSC.array——描述该函数接收 Array 类型的输入。
- JSC.integer(20)——描述此函数能操作的最大长度。虽然可以是任意数字，但在这种情况下，20 个就足够了。
- JSC.number(90,100)——描述数组元素中的类型。在这种情况下，它们是范围从 90 到 100 的数字（包括整数和浮点数）。

谓词函数有些难以理解。当 claim 成立时，谓词函数返回 true，而谓词函数中的逻辑是需要根据具体程序来决定的。verdict 函数除了会宣布测试的结果外，还可以在这里得到生成的随机输入和预期的输出。这样就可以宣布 computeAverageGrade 能返回预期等级——A。本例使用了几种说明符，读者可以到该项目的网站查一下，也可以创建自己的说明符。

现在读者大概已经明白了这个程序的含义，下面运行一下。JSCheck 报告会非常冗

长，因为 JSCheck 将默认根据提供的说明产生 100 个随机测试用例。这里选取其中一部分作为例子：

```
Compute Average Grade: 100 classifications, 100 cases tested, 100 pass

Testing for an A on grades:
    90.042,98.828,99.359,90.309,99.175,95.569,97.101,92.24 pass 1
Testing for an A on grades:
    90.084,93.199, pass 1

// and so on 98 more times

Total pass 100, fail 0
```

　　JSCheck 代码自成文档。读者可以很容易地描述函数输入输出的契约，这是平常的单元测试所做不到的，而且可以发现 JSCheck 报告的详细程度。JSCheck 程序可单独运行，也可以嵌入 QUnit 测试中，这样一来，就成了测试套件的一部分。这些库之间的集成如图 6.8 所示。

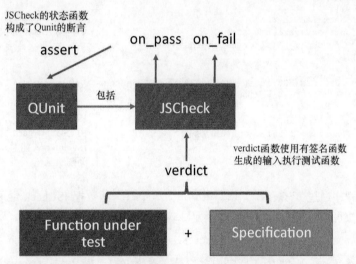

图 6.8　JSCheck 和 QUnit：主要部件的集成。QUnit 测试封装了 JSCheck 测试规格。
规格和函数测试都提供给 `verdict` 函数，JSCheck 引擎会运行并回调 QUnit 的
通过/失败接口。这些回调会触发 QUnit 断言

　　下面的例子将使用 JSCheck 测试 `checkLengthSsn` 程序，它具有以下规格。
一个合法的社会保障号码必须满足以下条件。
— 不含空格
— 不含破折号
— 长度为 9 个字符

—　遵循 ssa.gov 列举的格式，需要这 3 个部分组成。

◆　前 3 个数字称为区号。

◆　中间两位数字称为分组号码。

◆　最后 4 位称为序列号。

请看清单 6.5 所示的代码。后文会对相关部分做出解释。

清单 6.5　checkLengthSsn 的 JSCheck 测试

```
QUnit.test('JSCheck Custom Specifier for SSN', function (assert) {
  JSC.clear();

  JSC.on_report((report) trace('Report'+ str));
    JSC.on_pass((object) => assert.ok(object.pass));

  JSC.on_fail((object) =>
    assert.ok(object.pass || object.args.length === 9,
        'Test failed for: ' + object.args));

  JSC.test(
    'Check Length SSN',
    function (verdict, ssn) {
      return verdict(checkLengthSsn(ssn));
    },
    [
      JSC.SSN(JSC.integer(100, 999), JSC.integer(10, 99),
        JSC.integer(1000,9999))
    ],
    function (ssn) {
      return 'Testing Custom SSN: ' + ssn;
    }
  );
)};
```

使用 JSC.on_fail 来确保参数长度不为 9 时测试一定会失败

由于函数本身返回值为 Boolean 类型，可以将结果直接传给 verdict 函数

JSC.SSN 是一个自定义的说明符，由 JSC.interger 说明符组合而成。JSC.interge 能够从一个指定的区间随机取值

　　该程序通过 JSC.on_fail 和 JSC.on_pass 函数把 JSCheck 继承到了 QUnit，这两个函数可以给 QUnit 报告任何满足或者失败的断言。由于说明符

```
JSC.SSN(JSC.integer(100, 999), JSC.integer(10, 99), JSC.integer(1000,9999))
```

描述的合法 SSN 的契约，这段程序需要一直输出形式为 XXX-XX-XXXX 的任意组合：

```
Check Length SSN:
100 classifications, 100 cases tested, 100 pass

Testing Custom SSN: 121-76-4808 pass 1
Testing Custom SSN: 122-87-7833 pass 1
Testing Custom SSN: 134-44-6044 pass 1
Testing Custom SSN: 139-47-6224 pass 1
...
Testing Custom SSN: 992-52-3288 pass 1
Testing Custom SSN: 995-12-1487 pass 1
Testing Custom SSN: 998-46-2523 pass 1

Total pass 100
```

这里并没有什么特殊的东西，但也可以调整规格，看看输入一些 3 位的分组号码时会发生什么：

```
JSC.SSN(JSC.integer(100, 999),JSC.integer(10, 999),JSC.integer(1000,9999))
```

运行 QUnit 与 JSCheck 标记发现会失败。图 6.9 所示的是单个故障的输出。

图 6.9　非法的输入会很快被 QUnit 报出来，JSCheck 算法具有足够
把握这些随机生成的输入能覆盖所有边缘的情况

JSC.SSN 是从哪儿来的？JSCheck 说明符可以像函数一样组合起来，变成更具体的说明符。在这个例子中，JSC.SSN 是由 3 个 JSC.integer 的说明符共同定义的，如清单 6.6 所示。

清单 6.6　自定义 JSC.SSN 说明符号

```
/**
 * Produces a valid social security string (with dashes)
 * @param param1 Area Number -> JSC.integer(100, 999)
 * @param param2 Group Number -> JSC.integer(10, 99)
 * @param param3 Serial Number -> JSC.integer(1000,9999)
 * @returns {Function} Specifier function
 */
JSC.SSN = function (param1, param2, param3) {          ← 将 SSN 作为 JSC 对象的一
    return function generator() {                          部分以保持使用的一致性
        const part1 = typeof param1 === 'function'    ←
            ? param1(): param1;                           SSN 数字的每个部分可
                                                          以是一个常数，或一个能
        const part2 = typeof param2 === 'function'        够让 JSCheck 用来生成
            ? param2(): param2;                           随机数的函数

        const part3 = typeof param3 === 'function'
            ? param3(): param3;

        return [part1 , part2, part3].join('-');      ← 三部分数据结合成一
    };                                                    个合法的 SSN 号码
};
```

JSCheck 只对纯的程序有用，所以可能不能完全地测试 showStudent，但是开发者可以分别测试单个组件。这就当作留给读者的一个练习吧。属性测试厉害的地方是它可以让函数发挥到极致。在笔者看来，属性测试适合用来验证代码是否引用透明，比如契约和判决一致时看是否还能保持一致。但是，为什么要把代码提交给这么复杂的程序？答案很简单：使测试更有效。

6.5　通过代码覆盖率衡量有效性

如果没有适当的工具，将很难保证测量单元测试的有效性。因为涉及研究测试的覆盖率这项艰巨的任务。获取覆盖信息包括程序的所有控制流的路径是否得到覆盖。其中一种方式是通过函数的边界条件来研究代码的控制流。

当然，代码覆盖率并不是质量的指标，但在某种程度上反映了函数被测试的程度，这与好的质量是相关的。谁也不会将从未见过天日的代码直接部署到产品上的。

代码覆盖分析可以发现没有测试过的区域。通常，这些代码是很容易忘记测试的错误处理代码。使用代码覆盖率可以衡量单元测试覆盖的代码行数的百分比。推荐使用 Blanket.js 库作为代码覆盖工具。它是专门设计来提供代码覆盖率数据，帮助补全单元测试的。它的工作原理分为以下 3 个阶段。

1．载源文件。

2．在代码中加入跟踪。

3．在测试运行后回调输出 coverage 细节。

Blanket 在收集覆盖率信息时会捕获有关执行的语句。读者可以在 QUnit 报告看到非常友好的覆盖率信息。具体的 Blanket 配置信息可以在附录中找到。可以通过脚本中 `include` 这行的 `data-covered` 属性来配置任何 JavaScript 模块或程序。通过分析覆盖率，读者会发现函数式代码比命令式的更容易测试。

6.5.1　衡量函数式代码测试的有效性

通过学习本章的内容，你会发现函数式程序更容易测试，这是因为大的任务会被拆解成原子的、可验证的单元。但是，光靠我说可能不可信口说无凭，读者可以通过 `showStudent` 程序的覆盖率分析来衡量一下。首先来看最简单的测试案例：一个正向测试。

1．衡量有效输入的函数式代码的有效性

首先看一下命令式 `showStudent` 的代码覆盖统计数据（见清单 6.2）。用 Blanket 和 QUnit 对这段代码进行测试。

```
<script src="imperative-show-student-program.js" data-cover></script>
```

现在运行下面的测试。

```
QUnit.test('Imperative showStudent with valid user', function (assert) {
    const result = showStudent('444-44-4444');
    assert.equal(result, '444-44-4444, Alonzo, Church');
});
```

图 6.10 所示的 QUnit /Blanket 输出表明，语句的覆盖百分比为 80%。

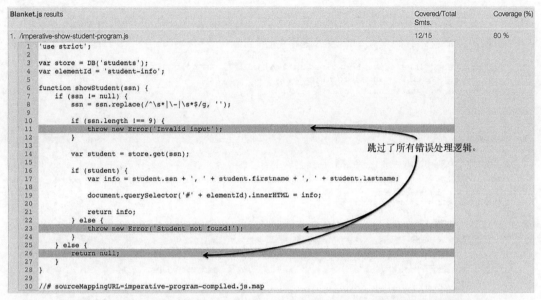

图 6.10　用 QUnit /Blanket 运行命令式 `showStudent` 的合法数据测试，带阴影的行
表示没有覆盖的语句。由于 15 行中有 12 行都运行到了，所以覆盖率是 80%

完全不出乎意料，错误处理代码被全部漏掉。对于命令式代码，能达到 75%～80%
的代码覆盖率就已经非常不错了。所以这个单元测试能达到 80% 的覆盖率已经很不错
了。再来试试测试函数式代码：

```
<script src="functional-show-student-program.js" data-cover></script>
```

同样，只测试正常情况，但这次的覆盖率高达 100%，如图 6.11 所示。

Blanket.js results	Covered/Total Smts.	Coverage (%)
1. /functional-show-student-program.js	29/29	100 %

图 6.11　针对函数 `showStudent` 的单元测试达到 100% 的行覆盖率，
即任何一行业务逻辑都是可以测试的

但是如果只用合法数据来测试，为什么错误处理的逻辑也能覆盖到呢？这就是
Monad 的神奇之处，它可以无缝地在整个程序中传递空值（使用 `Either.Left` 或者
`Maybe.Nothing`），因此每个函数得以运行，但映射函数中的逻辑被跳过。
函数式代码的灵活性和鲁棒性都非常显著。现在衡量无效输入的测试。

2．衡量无效输入的命令式代码和函数式代码的有效性

下面来衡量两个程序在输入数据无效（例如输入为 null）时的有效性，如图 6.12 所示，命令式代码覆盖率一般（毫不奇怪）：

```
QUnit.test('Imperative Show Student with null', function (assert) {
    const result = showStudent(null);
    assert.equal(result, null);
});
```

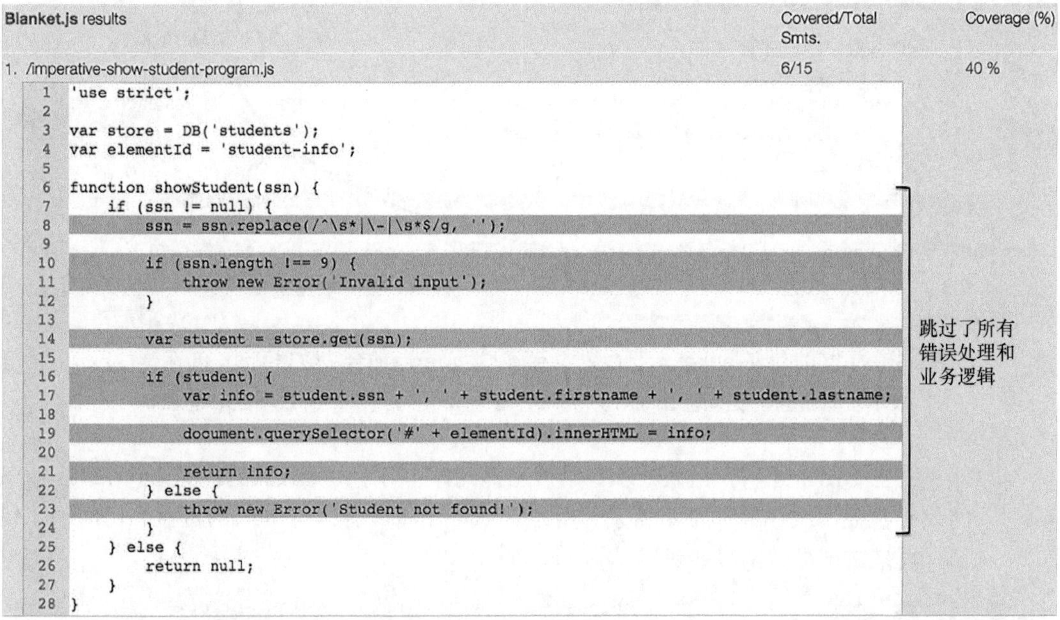

图 6.12   showStudent 的代码跳过了所有合法输入的路径，得到了非常低的 40% 的覆盖率

出现这种结果是因为控制流的 if-else 块的存在，它导致了不同的分支，也导致了函数的复杂。

相比之下，函数式的 null 处理更为优雅些，因为它避免了直接处理非法输入（比如 null）的逻辑。整个程序的结构（函数之间的交互）都无须做出任何调整，就可以成功地进行调用和测试。一旦有错误，函数式代码的输出会是 Nothing。开发者完全不必要检查 null 输出，只需要下面这个测试就足够了：

```
QUnit.test('Functional Show Student with null', function (assert) {
    const result = showStudent(null).run();
    assert.ok(result.isNothing);
});
```

所有被跳过的逻辑区域如图 6.13 所示。

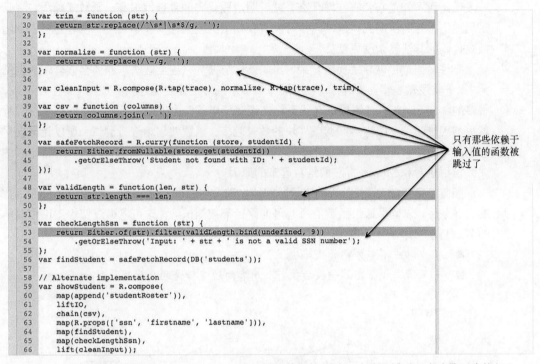

```
29  var trim = function (str) {
30      return str.replace(/^\s*|\s*$/g, '');
31  };
32
33  var normalize = function (str) {
34      return str.replace(/\-/g, '');
35  };
36
37  var cleanInput = R.compose(R.tap(trace), normalize, R.tap(trace), trim);
38
39  var csv = function (columns) {
40      return columns.join(', ');
41  };
42
43  var safeFetchRecord = R.curry(function (store, studentId) {
44      return Either.fromNullable(store.get(studentId))
45          .getOrElseThrow('Student not found with ID: ' + studentId);
46  });
47
48  var validLength = function(len, str) {
49      return str.length === len;
50  };
51
52  var checkLengthSsn = function (str) {
53      return Either.of(str).filter(validLength.bind(undefined, 9))
54          .getOrElseThrow('Input: ' + str + ' is not a valid SSN number');
55  };
56  var findStudent = safeFetchRecord(DB('students'));
57
58  // Alternate implementation
59  var showStudent = R.compose(
60      map(append('studentRoster')),
61      liftIO,
62      chain(csv),
63      map(R.props(['ssn', 'firstname', 'lastname'])),
64      map(findStudent),
65      map(checkLengthSsn),
66      lift(cleanInput));
```

只有那些依赖于
输入值的函数被
跳过了

图 6.13 函数式版本的 `showStudent` 跳过操作数据的区域，这些区域对于合法输入会执行

但即使对于无效数据，函数式程序也不仅仅是跳过整段代码的执行。它优雅地、安全地在 Monad 中传递无效状态，覆盖率仍然能达到 80%（两倍命令式代码），如图 6.14 所示。

Blanket.js results	Covered/Total Smts.	Coverage (%)
1. /functional-show-student-program.js	23/29	79.31 %

图 6.14 函数 `showStudent` 对于无效输入仍然能达到高覆盖率

由于高可测性，函数式代码会让开发者对部署到生产环境更有信心，这都可以归功于不可变性和消除的副作用。之前可能提到过，命令式的条件语句与循环不仅使得测试复杂，也更难以推理，而且会给之后扩展函数带来不小的复杂性。那么，该如何衡量复杂性？

6.5.2 衡量函数式代码的复杂性

可以通过仔细检查其控制流来衡量程序的复杂性。更简单的验证方式是，如果看到一段代码而不知道它到底在做什么，就说明这段代码的复杂性很高。函数式编程在视觉上呈现出很好的声明式。这相当于开发者视角上的复杂性。在本节中，读者还会看到函数数式代码的算法复杂度更低。

　　有许多因素可以导致代码复杂，比如条件与循环，甚至这些东西还会嵌套于其他结构中。分支逻辑是相互排斥的，它根据一个布尔条件把控制流逻辑分成两个独立的分支。很多的 if-else 会导致很难在代码块中追踪。当条件再依赖于外部因素时，追踪过程就更加困难了。条件块与嵌套条件块的数量越多，函数就越难进行测试，所以让函数尽可能简单是非常重要的。这也是函数式编程的理念是将函数分解成简单的 lambda 表达式，再用组合和 Monad 将它们结合起来的原因。

　　圈复杂度（CC）用于衡量该函数的线性独立路径的数量。从这个概念来验证函数的边界条件，以确保通过函数的所有可能路径都被测试到。这可以通过使用图论中简单的节点与边来保证（见图 6.15）。

- 节点对应不可分割的代码块。
- 如果第二块会在第一块后执行，用有向边连接这两个代码块。

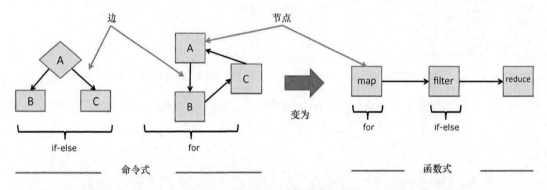

图 6.15　命令式的 if-else 块和 for 循环可以被翻译成函数式的 map、filter 和 reduce

　　第 3 章研究了命令式控制流的图与函数式控制流的图，以及函数式如何使用 map 和 filter 的高阶操作消除这些分支与循环，如高阶操作之间的差异。

　　这对圈复杂度有什么帮助呢？在数学上，任何程序的复杂性可以计算为 $M = E - N + P$，其中 E 表示控制流的边数，N 表示节点或块的数量，P 表示有退出点的节点数，

　　所有控制结构都会反映到圈复杂度，所以值越小越好。条件块对复杂度的影响最大，因为它把控制流分成两个线性无关的路径。因此，控制条件数量越多，圈复杂度也就越大，程序也越难测试。

　　再来重温一下命令式 showStudent 的控制流。为了更简单地描绘流程，这里在图 6.16 中给语句都标上了节点号。运用圈复杂度的公式，该图有 11 条边、10 个节点和

3 个出口。所以 $M = E - N + P = 11 - 10 + 3 = 4$。

```javascript
function showStudent(ssn) {
A  if(ssn !== null) {
     ssn = ssn.replace(/^\s*|\-|\s*$/g, '');    B
C    if(ssn.length !== 9) {
       throw new Error('Invalid input');    D
     }
     var student = db.get(ssn);    E

     if (student !== null) {    F
       var info =
         `${student.ssn},
          ${student.firstname},
          ${student.lastname}`;
G      document.querySelector(`\#${elementId}`)
         .innerHTML = info;
       return info;
     else {
       throw new Error('Student not    H
         found!');
     }
   }
   else {                    I
     return null;
   }
}
```

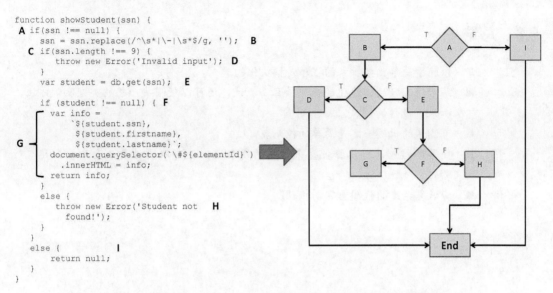

图 6-16　命令式 showStudent 的潜在节点。这些标签已转换成流程图中的节点，
其中边描述了条件语句引擎的线性独立的不同路径数量

衡量函数式程序的圈复杂度更为简单，因为函数式编程倾向于尽可能地使用高阶函数、函数组合子和其他抽象，而避免循环和条件语句。这导致节点和边都相对减少。因此，函数式程序的圈复杂度往往能接近 1。所以函数式 showStudent 能组成完全不包含节点和边（只是单个出口点）的图，使得其圈复杂度为 $M = E - N + P = 0 - 0 + 1 = 1$。在复杂的领域中，还有一些相关指标同样值得关注（见表 6.1）。读者可以通过网站 http://jscomplexity.org 来进行衡量。

表 6.1　函数式与命令式静态代码其他指标的比较

命令式	函数式
■ 圈复杂度：4	■ 圈复杂度：1
■ 圈复杂度密度：29%	■ 圈复杂度密度：3%
■ 可维护性指数：100	■ 可维护性指数：148

圈复杂密度反映了圈复杂度对应到代码行数的比例，函数式代码对此依然能保持很低的数值。这些指标在一定程度上跟程序的设计是否良好密切相关。简单地说，越模块化的代码，越容易进行测试。函数式代码本身带有这一优势，因为函数就是模块化的最小单位。

函数式编程在很大程度想要通过高阶函数消除循环，用组合替代命令式代码的顺序计算，还用柯里化建立更高抽象，而这一切都可能会影响性能，真可谓是鱼和熊掌不可兼得。

6.6　总结

- 依赖于简单函数抽象的程序是模块化的。
- 基于纯函数的模块化的代码很容易测试，还可以使用更严格的类型测试方法，如基于属性的测试。
- 可测试的代码一定是简单的控制流。
- 简单的控制流可以降低整个程序的复杂度，这可以通过复杂度测量工具进行验证。
- 降低复杂度的代码更容易推理。

第 7 章　函数式优化

本章内容

- 如何识别高性能的函数式代码
- JavaScript 函数执行的内部机制
- 嵌套函数的背景和递归
- 通过惰性求值优化函数调用
- 使用记忆化（memoization）加速程序执行
- 使用尾递归函数展开递归调用

97%的时候我们应该忽略效率……过早的优化是一切罪恶的根源。然而，我们决不能错过这关键的 3%的优化机会。

——Donald Knuth，《The Art of Computer Programmin》

既然说是要把优化留到最后。通过前面章节的学习，读者应该学会了如何编写和测试函数式代码。现在已经接近这段奇妙旅程的尾声，我们来看看如何优化它。没有任何单一的编程范式是圣杯，它们各有其在性能与抽象上的取舍，例如函数式编程提供流畅而描述性的抽象层。哪怕用柯里化、递归、Monadic 封装和组合来解决最简单的问题，函数式代码能跟命令式代码一样保证性能吗？

的确，现代的 Web 应用程序，除了游戏，减少几个毫秒并不能带来什么价值。计算机已经非常快而且编译器技术也先进得惊人，这保证了代码性能。因此函数式不仅不比命令式性能低，还有别的闪光点。

不理解其运行环境就使用新的范式是不明智的。因此，本章将解释函数式 JavaScript

代码处理大量数据时尤其需要注意的地方。本章将涉及一些 JavaScript 核心功能，如闭包，所以读者应确保已经阅读并理解了第 2 章的内容。本章还会讨论一些有趣的优化技术，如惰性求值、记忆化和递归调用。

　　函数式编程不会加快单个函数的求值速度。相反，它的理念是避免重复的函数调用以及延迟调用代码，把求值延迟到必要的时候，这可能会使应用程序的整体加速。在纯函数式语言中，平台内置了这些优化，所以大多数情况下并不需要开发者关心优化问题。然而在 JavaScript 中，开发者需要通过自定义代码或函数式库来做到这些优化。在深入介绍上述内容之前，先来看一下函数式 JavaScript 性能优化所面临的挑战。

7.1 函数执行机制

　　由于 FP 依赖于函数求值，了解每一个函数调用时发生了什么对于性能和优化函数是很必要的，也必须了解每个函数调用的推移。在 JavaScript 中，每个函数调用其实都会在函数上下文堆栈中创建记录（帧）。

注意: 栈是一个基本的数据结构，它的插入和取出顺序是后进先出（LIFO）。可以想象成一个
　　　 个堆叠在一起的碟子: 所有操作都只能从最顶部的碟子开始。

　　JavaScript 编程模型中的上下文堆栈负责管理函数执行以及关闭变量作用域（参见 2.4 节的闭包）。堆栈始终从全局执行上下文帧开始，其包含所有全局变量，如图 7.1 所示。

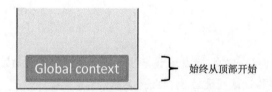

图 7.1　JavaScript 执行上下文栈的初始化。取决于页面上要加载多少脚本，
全局上下文可能有大量的变量和函数

　　全局上下文帧永远驻留在堆栈的底部。每个函数的上下文帧都占用一定量的内存，实际取决于其中的局部变量的个数。如果没有任何局部变量，一个空帧大约 48 个字节。每个数字或布尔类型的局部变量和参数会占用 8 字节。所以，函数体声明越多的变量，就需要越大的堆栈帧。每一帧大致包含以下信息[1]:

---

[1]　源自 David Shariff 的优秀博客文章《什么是 JavaScript 的执行上下文和堆栈？》2012 年 6 月 19 日，http://mng.bz/mqTu。

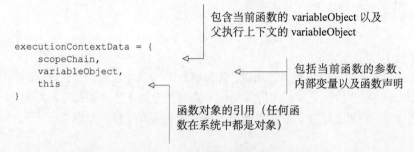

从这个结构可以提取出一些重要的见解。首先，variableObject 属性是决定堆栈帧大小的关键因素，因为它包含类数组类型的函数参数 arguments 对象（第 2 章提过）以及所有局部变量和函数。其次，函数的作用域链引用这个函数的父函数的执行上下文（我会稍后具体解释作用域链）。不管是直接还是间接，所有函数的作用域链最终都链接到全局上下文。

注意：函数的作用域链与 JavaScript 对象的原型链不是一回事。虽然两者表现得很类似，但是原型链通过 prototype 属性建立对象继承的链接，而作用域链是指内部函数能访问到外部函数的闭包。

堆栈的行为由下列规则确定。

- JavaScript 是单线程的，这意味着执行的同步性。
- 有且只有一个全局上下文（与所有函数的上下文共享）。
- 函数上下文的数量是有限制的（对客户端代码，不同的浏览器可以有不同的限制）。
- 每个函数调用会创建一个新的执行上下文，递归调用也是如此。

函数式编程将函数发挥到了极致，我们鼓励把问题分解为尽可能多的函数和尽可能的柯里化函数，以获得更多的灵活性和重用性。但使用柯里化函数会对上下文堆栈有影响。

7.1.1 柯里化与函数上下文堆栈

笔者个人而言非常喜欢柯里化。如果 JavaScript 能够自动柯里化所有函数，那是再好不过了。但这种额外的抽象可能会导致大量上下文堆栈的开销。为了更好地理解这个问题，下面来看一个 JavaScript 柯里化函数调用的背后到底发生了什么。

回忆第 4 章的柯里化函数时，把一次函数执行变成了多次执行的函数（每次消费一个参数）。换句话说，第 4 章的 logger 函数

```
const logger = function (appender, layout, name, level, message)
```

柯里化后会变成如下嵌套结构：

```
const logger =
    function (appender) {
```

```
return function (layout) {
  return function (name) {
    return function (level) {
      return function (message) {
    ...
```

嵌套结构的函数会使用更多的堆栈。先来解释 logger 函数的非柯里化的执行。由于 JavaScript 的同步执行机制，调用 logger 会暂停全局上下文的执行，好让 logger 运行，创建新的活跃上下文，并引用全局上下文中的所有变量，如图 7.2 所示。

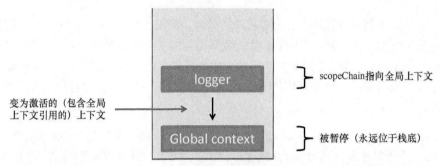

图 7.2　调用任何函数时，如 logger，单线程 JavaScript 运行时会暂停当前全局上下文并激活新函数创建的上下文。此时，还会通过 scopeChain 创建到全局上下文的链接。一旦 logger 返回，它的执行上下文也会被弹出堆栈，全局上下文将恢复

当 logger 函数调用其他函数（如 Log4js）时，会在堆栈上产生新函数的上下文（如果没听过 Log4js，请查看附录中的相关信息）。由于 JavaScript 的闭包，内部函数调用的上下文会在外部函数上下文堆栈的上面占用分配给它的存储器，并经由 scopeChain 链接起来（见图 7.3）。

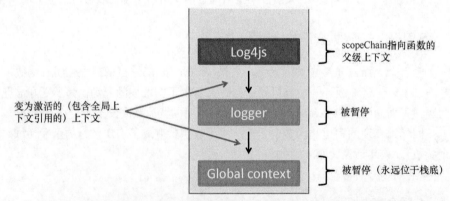

图 7.3　运行嵌套函数时函数上下文的变化。因为每个函数会产生新的堆栈帧，所以堆栈增长跟函数嵌套的层级成正比。柯里化与递归都依赖于嵌套的函数调用

一旦 Log4js 代码运行完，它就会被弹出堆栈；logger 函数也会在之后被弹出，运行时环境恢复到只有全局上下文的状态（见图 7.1）。这就是 JavaScript 的闭包背后的魔法。

虽然这种方法强大，但是嵌套深的函数会消耗大量的内存。第 8 章介绍如何用 RxJS 来处理异步代码的功能库。最新版本的 RxJS 5 着重提升性能，其中最为关键的就是要减少闭包的数量。

现在来看柯里化版本的 logger 函数，如图 7.4 所示。

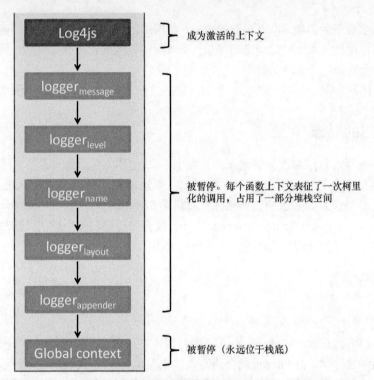

图 7.4　柯里化将每一个参数都转换成内部嵌套调用。可以连续提供参数
带来了灵活性，却额外占用了堆栈空间

柯里化所有函数看起来是不错的主意，但是过度使用会导致其占用较大的堆栈空间，进而导致程序运行速度显著降低。不妨试试下面这个简单的测试程序：

```
const add = function (a, b) {
    return a + b;
};

const c_add = curry2(add);

const input = _.range(80000);
```

```
addAll(input, add);    //->511993600000000
addAll(input, c_add); //-> browser halts

function addAll(arr, fn) {
   let result= 0;
   for(let i = 0; i < arr.length; i++) {
     for(let j = 0; j < arr.length; j++) {
       result += fn(arr[i], arr[j]);

     }
   }
   return result;
}
```

　　这个程序会创建 80000 个数的数组。非柯里化版本只需要几秒就可以返回正确的结果，而柯里化版本会导致浏览器停止。毫无疑问，柯里化是有代价的，但是大多数应用也很少会处理这么大型的数据。

　　这还不是导致堆栈增长的唯一原因。效率低下或不正确的递归也会导致堆栈的溢出。

7.1.2　递归的弱点

　　函数调用自己时也会创建新的函数上下文。所以不正确的递归调用，例如永远无法满足结束条件，很容易导致堆栈溢出。幸运的是，递归通常要么能工作要么有问题，这是很快就能知道的。如果你见过错误 Range Error: Maximum Call Stack Exceeded or too much recursion，就会知道递归有问题了。通过下面这个简单的脚本，可以测试浏览器函数堆栈大概的大小：

```
function increment(i) {
   console.log(i);
   increment(++i);
}
increment(1);
```

　　不同的浏览器的堆栈错误会有不同：例如在某台计算机上，Chrome 会在 17500 次递归后触发异常，而 Firefox 的会递归大约 213000 次。不要以这些数值作为递归函数的上界！这些数字只是为了说明递归是有限制的。代码预设应该要远远低于这些阈值，否则递归肯定是有问题的。

　　如果碰巧使用递归处理超大量的数据，可能会导致堆栈呈数组大小的比例增长。看看这个寻找数字中最长字符串的例子：

```
function longest(str, arr) {
   if(R.isEmpty(arr)) {
     return str;
   else {
     let currentStr = R.head(arr).length >= str.length
          ? R.head(arr): str;
     return longest(currentStr, R.tail(arr));
   }
}
```

用来找世界上 192 个国家的最长名字是没有问题的，但如果用来找全球 250 万个城市，就可能会导致应用程序失败，如图 7.5 所示（但是这个算法在 ES6 上是不会失败的，稍后会解释原因）。

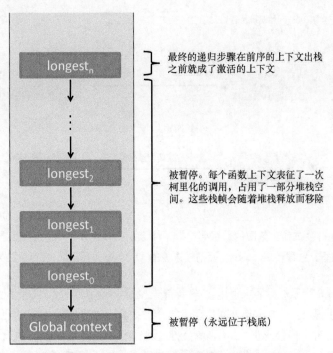

图 7.5　`longest` 函数，为了在大小为 n 的数组中找到最长字符串，需要插入 n 帧到上下文堆栈

遍历这种异常巨大的数组的另一种方式就是利用到第 3 章提到的高阶函数，如 `map`、`filter` 以及 `reduce`。使用这些函数不会产生嵌套的函数调用，因为堆栈在每次迭代循环后都能得到回收。

虽然柯里化和递归导致更多的内存占用，但是鉴于它们带来的灵活性和复用性以及递归解决方案固有的正确性，又感觉这些额外的内存花费是值得的。

函数式编程还提供了其他范式没有的优化。大量函数推入堆栈会增加程序的内存占用，那么为什么不避免不必要的调用？

7.2　使用惰性求值推迟执行

当输入很大但只有一个小的子集有效时，避免不必要的函数调用可以体现出许多性能优势，例如函数式语言 Haskell 就内置了惰性函数求值。惰性求值的方法有很多，但是目的都相同，即尽可能地推迟求值，直到依赖的表达式被调用。

　　但是，JavaScript 使用的是更主流的函数求值策略——**及早求值**。及早求值会在表达式绑定到变量时求值，不管结果是否会被用到，所以也称为**贪婪求值**。例如获取数组子集的函数，如图 7.6 所示。

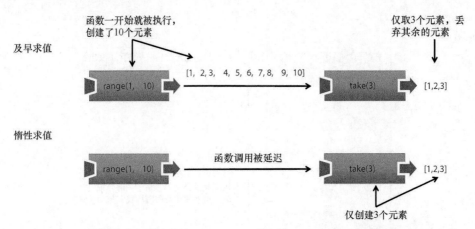

图 7.6　函数 range（生成给定范围的数组）与 take（读取前 *n* 个元素）的组合。对于及早求值，range 函数在调用时就执行，结果传给 take。而惰性求值的 range，调用时不会产生结果，直到 take 执行

　　如图 7.6 所示，及早求值的方案会首先执行 range 函数，再将其结果传递给 take。然而 take 只需要一个子集，剩下的部分会被丢弃。试想如果生成的元素数量较多，这会多么浪费。对于惰性求值，range 会推迟到 take 真的取值时再执行。知道函数的最终目的之后，range 函数可以只生成所需数量的元素。考虑另一个涉及 Maybe **Monad** 的例子：

```
Maybe.of(student).getOrElse(createNewStudent());
```

　　乍一眼看上去，这里 Maybe 很像是下面这段表达式：

```
if(!student) {
   return createNewStudent();
}
else {
   return student;
}
```

　　但是由于 JavaScript 用的是及早求值方案，因此 getOrElse 中的 createNewStudent 函数不管怎么样都会执行。如果是惰性求值，这两段代码中的 createNewStudent 就只有 student 对象合法时执行。所以，到底应该如何利用惰性求值呢？本节将介绍下列技巧和窍门。

- 避免不必要的计算。
- 使用函数式类库。

7.2.1　使用函数式组合子避免重复计算

其实可以模拟惰性求值来实现纯函数语言的好处。在最简单的情况下，可以通过只传递函数引用（或名称），然后有条件地选择调用或不调用。第 4 章介绍过 alt 函数式组合子，它类似于或 || （OR）运算符，先计算 func1，如果返回值为 false、null 或 undefined，再调用 func2。这里再举一个例子：

```
const alt = R.curry((func1, func2, val) => func1(val) || func2(val));

const showStudent = R.compose(append('#student-info'),
    alt(findStudent, createNewStudent));

showStudent('444-44-4444');
```

◁─── 没有函数会过早地调用，因为组合子使用的只是它们的函数引用

由于函数式组合子负责编排调用，这个代码就相当于命令式的条件逻辑：

```
var student = findStudent('444-44-4444');
if(student !== null) {
    append('#student-info', student);
}
else {
    append('#student-info', createNewStudent('444-44-4444'));
}
```

这是避免不必要计算的简单方法之一。本章后面会介绍一个更强大的方法 **memoization**。同时，如果在运行前就定义好程序，就可以使用函数式库的 **shortcut fusion** 技术来优化。

7.2.2　利用 shortcut fusion

第 3 章介绍了 Lodash 的_.chain 函数，该函数可以用于包装和执行一系列的函数，然后通过 value() 函数提取结果。这不仅可以分离程序的描述与执行，还可以让 Lodash 推断出可优化的地方，比如合并执行或优化存储。下面是一个按国家人口排序生成列表的例子：

```
_.chain([p1, p2, p3, p4, p5, p6, p7])
    .filter(isValid)
    .map(_.property('address.country'))    .reduce(gatherStats, {})
    .values()
    .sortBy('count')
    .reverse()
    .first()
    .value()
```

声明式编程的模式意味着开发者不必担心具体函数如何执行，只需提前描述好要做些什么事情。在某些情况下，Lodash 会使用 shortcut fusion 对程序进行优化。这是一种函数级别的优化，它通过合并函数执行，并压缩计算过程中使用的临时数据结构。处理大集合时，创建更少的数据结构能有效地降低内存占用。

之所以能这样做，都是因为函数式编程的引用透明性带来的数学与代数的正确性。例如，`compose(map(f), map(g))` 可以由表达式 `map(compose(f, g))` 完全代替。同样，`compose(filter(p1), filter(p2))` 等同于 `filter((x) => p1(x) && p2(x))`，前面 `chain` 中的 `filter` 和 `map` 也能做同样的优化。而且，只有纯函数才能以这种数学方式进行系列操作。再来看清单 7.1 所示的例子，可能会更能说明这一点。

清单 7.1　Lodash 的惰性求值与和 shortcut fusion

```
const square = (x) => Math.pow(x, 2);
const isEven = (x) => x % 2 === 0;
const numbers = _.range(200);          ←┐ 生成一个从 1 到 200 的
                                         │ 数值数组
const result =
  _.chain(numbers)
   .map(square)
   .filter(isEven)
   .take(3)
   .value(); //-> [0,4,16]             ←┐ 仅会处理前三个满足 filter
                                         │ （和 map）条件的数字
result.length; //-> 5
```

清单 7.1 有几个可以优化的地方：首先，`take(3)` 告诉 Lodash 只需担心前三个通过 `map` 和 `filter` 的值，而不用把时间浪费在剩余的 195 个元素上。其次，shortcut fusion 技术可以把 `map` 和 `filter` 融合到 `compose(filter(isEven), map(square))`。可以简单地通过把跟踪日志（使用 Ramda 提供的 `tap` 组合子）加到 `square` 和 `isEven` 函数来证明这一点：

```
square = R.compose(R.tap(() => trace('Mapping')), square);
isEven= R.compose(R.tap(() => trace('then filtering')), isEven);
```

控制台打印 5 次下面这一对消息：

```
Mapping
then filtering
```

这证实了 `map` 和 `filter` 的合并。使用函数式库不仅能简化测试，还能提高代码运行时效率。Lodash 还有一些其他带有 shortcut fusion 优化的函数，如 `_.drop`、`_.dropRight`、`_.dropRightWhile`、`_.dropWhile`、`_.first`、`_.initial`、`_.last`、`_.pluck`、`_.reject`、`_.rest`、`_.reverse`、`_.slice`、`_.takeRight`、`_.takeRightWhile`、`_.takeWhile` 和 `_.where`。

除此之外，函数式还有另一种避免重复计算的技术：**记忆化**（memorization）。

7.3　实现需要时调用的策略

加快应用程序执行的方法之一是避免计算重复值，特别是当这些计算的代价昂贵时。在传统的面向对象系统中，这可以通过在函数调用前检查高速缓存或代理层来实现。在返回时，给函数的结果赋予唯一的键值并持久化到缓存中。**缓存**作为耗时操作之前查询的中介或记忆体。在 Web 应用程序中，这种技术还用于图像、文档、编译的代码、HTML 页面、查询结果等。考虑下面这个简单缓存层的实现：

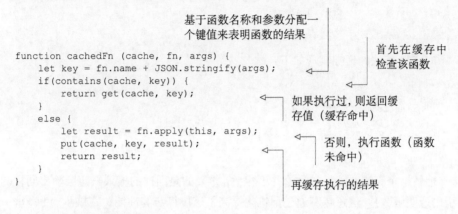

```
                            基于函数名称和参数分配一
                            个键值来表明函数的结果
                                                        首先在缓存中
                                                        检查该函数
function cachedFn (cache, fn, args) {
    let key = fn.name + JSON.stringify(args);
    if(contains(cache, key)) {
        return get(cache, key);                 如果执行过，则返回缓
    }                                           存值（缓存命中）
    else {
        let result = fn.apply(this, args);      否则，执行函数（函数
        put(cache, key, result);                未命中）
        return result;
    }
}
                                                再缓存执行的结果
```

可以用该函数包裹 findStudent 的执行：

```
                                            第一次会导致缓存未命
                                            中，从而执行 findStudent
var cache = {};
cachedFn(cache, findStudent, '444-44-4444');
cachedFn(cache, findStudent, '444-44-4444');    第二次的结果直接
                                                来自于缓存
```

该 cachedFn 函数相当于介于函数调用缓存结果之间的代理。但是用这个来包裹所有函数调用显然过于繁琐而且不易于阅读。更糟糕的是，这个函数是有副作用的，它依赖于一个全局共享的缓存对象。我们需要的是一个更普遍适用的解决方案，能在享受到缓存的好处的同时，保持对代码和测试都透明的机制。在函数式语言，这种机制被称为记忆化（memoization）。

7.3.1 理解记忆化

记忆化的方案与之前的缓存类似。它就像以前的代码中，基于函数的参数创建与之对应的唯一的键，并将结果值存储到对应的键上，当再次遇到相同参数的函数时，立即返回存储的结果。能够用存储的结果来替代函数调用的结果，这要归功于函数式的引用透明性原则。首先来研究一下记忆化对于简单函数调用的益处。

7.3.2 记忆化计算密集型函数

纯函数式语言自带记忆化。其他诸如 JavaScript 和 Python 的语言，可以在需要时选

择使用记忆化函数。当然，计算密集型函数很大程度上可以受益于缓存层。考虑 rot13 函数的计算，将字符串编码成 ROT13 格式（将 26 个 ASCII 字符旋转 13 个字符位置）的例子。虽然这是一个简单的算法，但实际上是很多简单优惠码或者谜题答案的解决方案：

```
var discountCode = 'functional_js_50_off';

rot13(discountCode); //-> shapgvbany_wf_50_bss
```

ROT13 算法的详细实现如下：

```
var rot13 = s =>
  s.replace(/[a-zA-Z]/g, c =>
    String.fromCharCode((c <= 'Z' ? 90 : 122)
      >= (c = c.charCodeAt(0) + 13) ? c : c - 26));
      (c = c.charCodeAt(0) + 13) ? c : c - 26);
  });
};
```

理解这个算法与此处的讨论并不相关，重要的是同样的输入一定会输出同样的结果（引用透明函数），这意味着通过记忆化提高了这段算法的性能。在展示 memoize 函数的代码之前，先来介绍以下两种记忆化的用法：

■　通过调用函数对象上的方法。

```
var rot13 = rot13.memoize();
```

■　通过包裹函数。

```
var rot13 = (s =>
  s.replace(/[a-zA-Z]/g, c =>
    String.fromCharCode((c <= 'Z' ? 90 : 122)
      >= (c = c.charCodeAt(0) + 13) ? c : c - 26))).memoize();
```

通过使用记忆化，遇到相同的输入会立即触发内部缓存命中直接返回结果。为了说明这一点，下面使用 JavaScript 的高分辨率时间 API（也称为性能 API），以产生比传统函数如 Date.now() 和 console.time() 更精确的时间戳，来测量函数调用的精确时间。可以用 IO Monad 把计时语句加入测试前后。整个程序需要先构造包裹着 performance.now 副作用的 start 和 end 函数，再用 tap 在测试时调用。清单 7.2 所示的是时间测量的代码。后面会对该例中的代码进行简化。

清单 7.2　使用 tap 调用性能时间戳函数

```
const start = () => performance.now();

const end = function (start) {
    let end = performance.now();
    return (end - start).toFixed(3);
};
const test = function (fn, input) {
    return () => fn(input);
```

使用 start 和 end 函数来测量时间

使用 performance API 来获取 3 个小数点毫秒的测量精度

```
};
const testRot13 =
    IO.of(start)
      .map(R.tap(start('rot13')))
      .map(R.tap(test(
          rot13,
          'functional_js_50_off'
      )))
      .map(end);

testRot13.run(); // 0.733 ms
testRot13.run(); // second time: 0.021 ms
```

通过 tap 组合子在 Monad 中生成
算法开始时间的信息（这样做是
因为并不关心函数的结果，而是
得出结果所花费的时间）

如上述代码所示，第二次调用 rot13 只需片刻就能得到结果。虽然 JavaScript 没有自动记忆化的原生支持，但是可以给 Function 对象添加这个方法，如清单 7.3 所示。

清单 7.3　给 Function 添加记忆化

内部的工具方法负责为当前
函数实例创建缓存逻辑

将参数字符串化以获得对当
前函数调用的键值。可以通
过检测输入类型来创建更加
鲁棒的键值生成方法。这只
是一个简单的例子

```
Function.prototype.memoized = function () {

    let key = JSON.stringify(arguments);

    this._cache = this._cache || {};

    this._cache[key] = this._cache[key] ||
            this.apply(this, arguments);

    return this._cache[key];
};

Function.prototype.memoize = function () {

    let fn = this;
    if (fn.length === 0 || fn.length > 1) {
        return fn;
    }

    return function () {
        return fn.memoized.apply(fn, arguments);
    };
};
```

为当前函
数实例创
建一个内
部的缓存

先试图读取缓存，通过输入来
判断是否计算过。如果找到对
应的值，则跳过函数调用直接
返回；否则，执行计算

激活函数的记忆化

只尝试记忆化一元函数

将函数实体包裹
在记忆化函数中

通过扩展 Function 对象，这样可以随时使用记忆化，还消除了全局共享的缓存。此外，抽象到函数的内部缓存机制，使其完全与测试无关，这意味着不需要在代码中测试缓存的功能，只需要关心函数的行为是什么即可。

为了能有更直观的认识，下面来看 rot13 记忆化的详细序列图，如图 7.7 所示。第一次查询缓存会失败，于是开始计算 ROT13 消息。接下来，结果会以参数为键存入缓存，之后同样参数的调用就可以在缓存中查询到结果而不需要重新计算了。

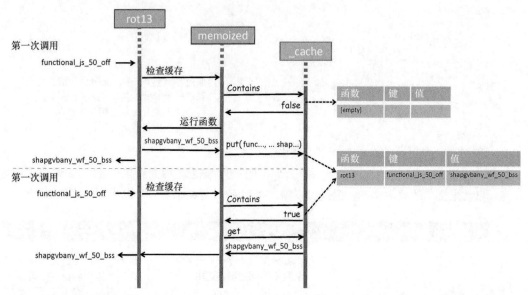

图 7.7　使用同一参数 functional_js_50_off 两次调用 `rot13`。第一次调用，缓存为空，需要计算 ROT13 码。其结果会以参数为键储存在缓存中。第二次调用会命中缓存：于是没有发生计算就直接返回结果

> **注意:** 这里的 memoize 记忆化只有一个参数。那么如何处理多个参数的函数呢？这个问题留给读者作为练习。基本上需要遵循两个策略。其一，创建一个多维缓存（数组的数组）；其二，生成参数组合的唯一字符串密匙。

清单 7.3 中的代码仅限于一元函数。这样做是为了简化生成密匙的逻辑。如果需要记忆化多个参数的函数，那么制订正确的缓存键生成逻辑可能会比较复杂。在某些情况下，柯里化可以解决这个问题。

7.3.3　有效利用柯里化与记忆化

更复杂的函数或涉及多个参数的函数，即使是纯函数，也很难缓存。这是由于在产生正确的唯一键时逻辑的复杂度增加了，但是缓存层又不应该给函数增加额外的开销和复杂度。柯里化是上述问题的解决方法之一。第 4 章提到，柯里化可以将一个多元函数变成一元函数。例如，柯里化可以记忆化 `safeFindObject` 函数：

```
const safeFindObject = R.curry(function (db, ssn) {    ◄───  该函数并不具备引用透明性，
  // expensive IO lookup operation                           但实践中一般会使用缓存来降
});                                                           低查询和 HTTP 请求的代价

const findStudent = safeFindObject(DB('students')).memoize();
findStudent('444-44-4444');
```

DB 对象仅用于数据访问，但是对唯一区分 findStudent 没什么帮助，然而上述

代码的目的是找到具有唯一 ID 的学生，所以只需要记忆化带有 ID 参数的函数。这就体现出了柯里化的好处，即不仅易于组合，还可以在组合之前方便地选择将部分函数进行记忆化。下一节会重点讨论分解与记忆化。

7.3.4 通过分解来实现更大程度的记忆化

记忆化和分解的关系可以用一个简单的化学原则来解释。读者可能在高中学习化学中的溶解度原则时听过溶质和溶剂的概念。溶质是在溶剂中溶解的物质。溶解速度由多个因素决定，**表面积**是其中一个因素。举例来说，如果准备溶解糖到水里，糖粉和糖块哪一个溶解得更快？当糖溶解时，只有其表面与水接触。因此，溶质的表面积越大，溶解得越快。

记忆化跟这个道理类似，问题拆分得越小，越容易记忆化。代码粒度越细，越能更大程度地享受记忆化带来的好处。每个函数都有内部缓存机制在加快程序，就像拥有更大的表面积一样。

以 showStudent 为例，如果之前就验证过某些输入，何苦再验证一遍？同样，如果已经通过本地存储 cookie，甚至是服务器端调用找到 SSN 对应的学生对象，且其实它们不会有所改变，为什么要浪费宝贵的时间再查找一次？在 findStudent 的例子中，可以记忆化查询，保留已经查找到的对象以便下次快速访问。记忆化把函数当作一个惰性计算的返回值。为了说明这一点，下面用记忆化的函数来组合成 showStudent 函数（通常是给记忆化函数加上前缀 m_）：

```
const m_cleanInput = cleanInput.memoize();
const m_checkLengthSsn = checkLengthSsn.memoize();
const m_findStudent = findStudent.memoize();

const showStudent = R.compose(
    map(append('#student-info')),
    liftIO,
    chain(csv),
    map(R.props(['ssn', 'firstname', 'lastname'])),
    map(m_findStudent),
    map(m_checkLengthSsn),
    lift(m_cleanInput));

showStudent('444-44-4444').run(); //-> 9.2 ms on average (no memoization)

showStudent('444-44-4444').run(); //-> 2.5 ms on average (with memoization)
```

这些函数被分解成更小的任务，第二次运行的速度比第一次快 75%！

递归是另一种类型的分解，像是程序被分为自相似的、更小的、可记忆化的子任务。同样，记忆化也可以让一个缓慢的递归算法变得非常快。

7.3.5 记忆化递归调用

递归可能会导致浏览器卡顿或者抛出异常。这些往往都是由输入过大时堆栈的增加失控导致的。在某些情况下，记忆化可以减轻此问题。正如第 3 章讲过的，递归是将任务分解成更小版本的自己的机制。通常情况下，每次递归调用都在一个更小的子集解决"同样的问题"，直至达到递归的基例情况，然后释放堆栈返回结果。如果每一个子任务的结果都能缓存，就可以减少重复同样的计算，从而提高性能。

为了说明这一点，下面使用计算 n 的阶乘的例子。n 的阶乘（表示为 N!）也就是比 n 小的正整数的乘积：

$$n! = n * (n-1) * (n-2) * \cdots * 3 * 2 * 1$$

例如：

3! = 3 * 2 * 1 = 6

4! = 4 * 3 * 2 * 1 = 4 * 3! = 24

注意：阶乘数是可以通过更小的阶乘数递归定义的，比如 4!=4*3!

这很容易翻译成记忆化的递归函数：

```
const factorial = ((n) => (n === 0) ? 1
        : (n * factorial(n - 1))).memoize();

factorial(100); //-> Takes .299 ms
factorial(101); //-> Second time, takes .021 ms
```

执行整个计算
100*99*98*…*3*2*1

使用之前的缓存来加快计算，仅计算到 101*100！

由于记忆化了阶乘函数，在第二次迭代时吞吐量有显著的提升。在第二次运行时，函数"记住"了使用公式"101!= 101×100!"，并且可以重复使用 factorial(100) 的值，使得整个算法立即返回，并对栈帧的管理以及污染堆栈方面都有好处，如图 7.8 所示。

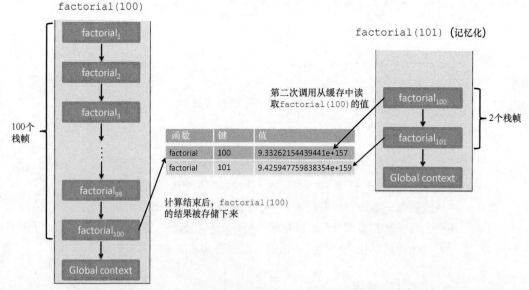

图 7.8　运行记忆化的 factorial(100) 在第一次会创建 100 的堆栈帧，因为它需要计算 100!在第二次调用 101 的阶乘时通过记忆化能够重复使用 factorial(100) 的结果，所以只会创建 2 个栈帧

如图 7.8 所示，`factorial(100)` 的第一个运行会贯穿整个算法，创造了 100 帧函数堆栈。这是一些递归解决方案的缺点：它们往往不注意堆栈空间，尤其是在 `factorial` 这种情况下，堆栈帧的数量跟输入的大小是相同比例。但如果使用记忆化，就可以显著减少计算下一个数所需堆栈帧的数目。

记忆化不是优化递归调用的唯一方法，还存在其他的方法，比如编译器级别的优化。

7.4 递归和尾递归优化

读者应该发现了，递归程序使用堆栈的情况会比非递归程序更严重一些。有些函数式语言甚至没有内置的循环机制，需要依靠递归和缓存来实现高效的迭代。但是有时记忆化也无能为力，比如输入不断变化，就会导致内部高速缓存层一直派不上用场。递归到底能达到标准循环的效率吗？事实证明，当使用尾递归时，编译器有可能帮助你做**尾部调用优化**（TCO）。本节会讲解如何用尾递归重写阶乘函数。

```
const factorial = (n, current = 1) =>
  (n === 1) ? current
  : factorial(n - 1, n * current);
```
函数最后一条语句是下一次递归（即处于尾部）

跟之前略有不同的是，递归发生在最后，运行起来可以跟命令式版本一样快：

```
var factorial = function (n) {
  let result = 1;
  for(let x = n; x > 1; x--) {
    result *= x;
  }
  return result;
}
```

TCO 也称为**尾部调用消除**，是 ES6 添加的编译器增强功能。同时，在最后的位置调用别的函数也可以优化（虽然通常是本身），该调用位置称为**尾部位置**（尾递归因此而得名）。

这为什么算是一种优化？函数的最后一件事情如果是递归的函数调用，那么运行时会认为不必要保持当前的栈帧，因为所有工作已经完成，完全可以抛弃当前帧。在大多数情况下，只有将函数的上下文状态作为参数传递给下一个函数调用（正如在递归阶乘函数处看到的），才能使递归调用不需要依赖当前帧。通过这种方式，递归每次都会创建一个新的帧，回收旧的帧，而不是将新的帧叠在旧的上。因为 `factorial` 是尾递归的形式，所以 `factorial(4)` 的调用会从典型的递归金字塔：

```
factorial(4)
  4 * factorial(3)
    4 * 3 * factorial(2)
      4 * 3 * 2 * factorial(1)
        4 * 3 * 2 * 1 * factorial(0)
          4 * 3 * 2 * 1 * 1
      4 * 3 * 2 * 1
```

```
    4 * 3 * 2
    4 * 6
return 24
```

变为图 7.9 所示的扁平结构，相对于如下上下文堆栈：

```
factorial(4)
  factorial(3, 4)
  factorial(2, 12)
  factorial(1, 24)
  factorial(0, 24)
  return 24
return 24
```

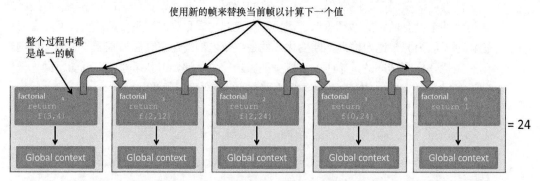

图 7.9　尾递归 factorial(4) 求值的详细视图。函数只使用了一帧。TCO 负责抛弃当前帧，为新的帧让路，就像 factorial 在循环中求值一样

这种扁平化结构可以更有效地利用栈，不再需要保留 N 帧。接下来看看将非尾递归的 factorial 函数转换成尾递归函数的详细处理步骤。

将非尾递归转换成尾递归

下面优化一下 factorial，以便能够利用 JavaScript 的 TCO 机制。递归实现 factorial 大概最直接的实现是：

```
const factorial = (n) =>
  (n === 1) ? 1
  : (n * factorial(n - 1));
```

递归调用并没有发生在尾部，因为最后返回的表达式是 n * factorial(n - 1)。切记，最后一个步骤一定要是递归，这样才会在运行时 TCO 将 factorial 转换成一个循环。改成尾递归只需要两步。

1）将当前乘法结果当作参数传入递归函数。

2）使用 ES6 的默认参数给定一个默认值（也可以部分地应用它们，但默认参数会让代码更整洁）。

```
const factorial = (n, current = 1) =>
  (n === 1) ? current :
    factorial(n - 1, n * current);
```

　　现在，这个阶乘函数运行起来跟标准循环没什么区别，没有额外创建堆栈帧，同时仍保留了它原本的数学声明的感觉。之所以能够做这种转换，是因为尾递归函数跟循环有着共同的特点，如图 7.10 所示。

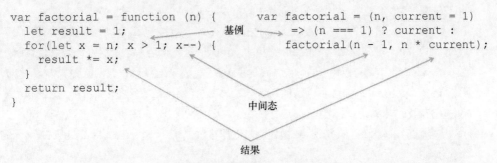

图 7.10　标准循环（左）及其等效的尾递归函数之间的相似之处。在这两个代码示例中，读者可以很容易地找到基例、事后操作、累计参数和结果

　　来看另一个例子。在第 3 章中，有一个递归计算数组元素总和的函数：

```
function sum(arr) {
  if(_.isEmpty(arr)) {
    return 0;
  }
  return _.first(arr) + sum(_.rest(arr));
}
```

　　最后一个调用 _.first(arr) + sum(_.rest(arr)) 也不是尾调用。接下来重构代码并优化它的内存消耗。这次，所有需要分享给之后调用的数据都将以参数的方式传递下去：

```
function sum(arr, acc = 0) {
  if(_.isEmpty(arr)) {
    return 0;
  }
  return sum(_.rest(arr), acc + _.first(arr));
}
```

　　尾递归带来递归循环的性能接近于 for 循环。所以对于有尾递归优化的语言，比如 ES6，就可以在保持算法的正确性和 mutation 的控制，同时还能保持不会拖累性能。不过尾调用也不仅限于尾递归。也可以是调用另一个函数，这种情况在 JavaScript 代码中也很常见。不过要注意的是，这是个新的 JavaScript 标准，即便 ES4 就开始起草，很多浏览器也没有广泛实现。事实上，在编写本节的时候，还没有任何浏览器实现了 TCO，这就是笔者一直在用 Babel transpiler 的原因。

ES5 中模仿尾递归调用

目前主流的 JavaScript 实现 ES5 并不具备尾调用优化支持。ES6 将其加入被称为**适当尾调用**的提案（在 ECMA-262 规范的 14.6 部分）。还记得第 2 章中使用的 Babel 转译器（源代码到源代码的编译器）吗？那是用来测试语言新特性的绝佳方式。

还有一种解决方式是使用 **trampolining**。trampolining 可以用迭代的方式模拟尾递归，所以可以非常理想、容易地控制 JavaScript 的堆栈。

trampoline 是一个接受函数的函数，它会多次调用函数，直到满足一定的条件。一个可反弹或者重复的函数被封装在 **thunk** 结构中。thunk 只不过是多了一层函数包裹。在函数式 JavaScript 背景下，可以用 thunk 及简单的匿名函数包裹期望惰性求值的值。

thunk 和 trampolining 的话题已经超出了本书的范围，如果读者非常希望用这些技术来优化递归函数，可以从这个概念开始展开研究。

要检查 TCO 和其他 ES6 特性的兼容性，可以登录：https://kangax.github.io/compat-table/es6/。

如果需要一个图形渲染一个大型的数据，那么性能就成为一项关键要求。在这种情况下，开发者就可能需要做出取舍，即可能不需要编写优雅、可扩展的代码，而需要快速地完成工作。如果是这样，建议使用标准循环。但对于大多数的应用需求，函数式编程仍然可以保持代码的性能。但需要注意的是，尽量把优化工作放到最后。再者，在需要额外毫秒级别的性能优化时，可以随时使用任何本章中的技术增强性能。

每个软件决策都很难权衡，但对于大多数的应用而言，牺牲效率以获得更高的可维护性是值得考虑的。应该让代码更容易阅读和调试，即使它不是最快的。正如 Knuth 所说："对于你写的 97%的代码，多上几毫秒并不会有什么区别，特别是相对代码的可维护性来说。"

函数式编程是一个完整的范式。它提供了丰富的抽象层次以及有趣的提高效率的方法。到现在为止，读者应学会了如何通过链接或组合函数来创建线性数据流的函数式程序。但是，众所周知，JavaScript 程序会混合许多非线性或异步行为，例如处理用户输入或进行远程 HTTP 请求。第 8 章将带领读者直面这些挑战并了解响应式编程——这是一种基于函数式编程的范式。

7.5 总结

■ 在某些情况下，函数式代码可能比与其等效的命令式代码更慢或消耗的内存更多。

- 可以利用交替组合子以及函数式库（如 Lodash）中提供的支持来实施延迟策略。
- memoization（内部函数级缓存策略）可用于避免重复对潜在费时函数进行求值。
- 将程序分解成简单的函数不仅可以创建可扩展代码，还可以通过记忆化来使其更高效。
- 递归可以通过分解把问题化为更简单的自相似问题，继而充分利用记忆化优化上下文堆栈的使用。
- 将函数转换为尾递归形式，就可以借助编译器优化消除尾调用。

第8章 管理异步事件以及数据

本章内容
- 编写异步代码的挑战
- 通过函数式技术避免嵌套回调
- 使用 Promise 简化异步代码
- 用函数生成器惰性地生成数据
- 响应式编程
- 应用响应式编程来处理事件驱动的代码

> 程序员之所以认为函数式编程比其他编程更高效，是因为函数式程序的代码量往往会少一个数量级。
>
> ——John Hughes，《Why Functional Programming Matters》[1]

到目前为止，本书一直在向读者介绍如何函数式思考，以及如何使用函数式技术来编写、测试和优化 JavaScript 代码。所有这些技术都旨在解决中型和大型 Web 应用程序所固有的复杂性，因为这些复杂性很容易导致程序越来越难以维护。许多年前，与 Web 应用程序的交互仅限于提交大型表单然后一次性渲染整个页面。应用程序随着用户需求的发展而发展。如今，人们都期望页面的行为能像本地应用程序那样实时做出响应和反应。

在客户端 JavaScript 的世界中，开发者所面临的挑战多于任何其他环境。这很大程

---

[1] 来自《Research Topics in Functional Programming》，ed. D. Turner (Addison-Wesley, 1990), 17–42, http://mng.bz/Zr02.

度上是因为客户端代码不仅需要与传统 Web 中间件关联，还需要有效地与用户输入交互，通过 AJAX 与远程服务器通信，并在屏幕上显示数据。本书倾向于使用函数式编程这一解决方案，因为它对于需要保持高完整性的系统而言是理想的，尽管可能在某些方面还存在问题。

本章将应用函数式编程来解决与异步数据流相关的 JavaScript 编程挑战，其中代码与程序的执行不是线性关系。有些示例会使用浏览器技术，如 AJAX 和本地存储请求。本章的目标是将函数式编程与 ES6 Promise 结合使用，并引入响应式编程，这两种方式可以将凌乱的回调代码转换成优雅流畅的表达式。读者可能发现响应式编程非常眼熟，这是因为用它解决问题的思路跟函数式编程密切相关。

想保证异步行为正确是很棘手的。与正常函数不同，异步函数不能将数据返回给调用者，而要依靠长时间运行的计算，如数据库提取或远程 HTTP 调用后的通知这种臭名昭著的回调模式。还可以使用回调来响应用户交互来处理诸如点击、按键和移动手势之类的浏览器事件。开发者需要构建代码来响应程序运行后发生的这些事件，这对于函数式的设计构成了许多挑战，因为很难保持数据可预测并在正确的时间内返回。毕竟，谁也不知道如何将未来会发生的行为组合或链接成函数。

8.1   异步代码的挑战

现代 JavaScript 程序很少在单个请求中加载。最常见的是，数据通过响应用户需求的多个异步请求逐渐加载到页面上。一个简单的用例是电子邮件客户端。用户的收件箱可以有数千条长的电子邮件线程，但只会与最近的电子邮件进行交互。花费几秒甚至几分钟等待整个收件箱加载是没有意义的。JavaScript 开发人员经常涉及实现某种形式的非阻塞异步调用的问题，但这可能会带来以下挑战。

- 在函数之间创建时间依赖关系。
- 不可避免地陷入回调金字塔。
- 同步和异步代码的不兼容。

8.1.1   在函数之间创建时间依赖关系

想象一下发送 AJAX 请求以从服务器获取学生对象列表的函数。在图 8.1 中，由于 getJSON 是异步的，函数在发送请求后立即返回，并将控制权返回给程序，随后调用 showStudents。但是在这个时候，students 对象仍然是 null——因为较慢的远程请求还没有完成。确保正确的事件顺序发生的唯一方法是在异步代码和下一步采取的操作之间创建时间依赖关系。所以需要在回调函数中包含 showStudents，以便它在正确的时间执行。

```
var students = null;
getJSON('/students', function(studentObjs) {
    students = studentObjs;
  },
  function (errorObj) {
        console.log(errorObj.message);
    }
);

showStudents(students);
```

由于 student 对象不能及时
被初始化，当前的程序流程
会导致失败

图 8.1　这段代码有一个很大的问题。发现了吗？因为需要异步地获取数据，
所以 students 对象永远不会及时地被填充到列表中

当某些函数的执行在逻辑上分组在一起时，会发生**时间耦合**或**时间内聚**。这意味着函数需要等待数据可用或需要等待其他函数运行结束才能完成操作。无论是依赖于数据还是时间，这样做都会产生副作用。

因为执行远程 IO 操作明显比其他的代码慢，所以将它们委托给可以请求数据的"非阻塞"进程，然后"等待"它返回。当接收到数据时，将调用用户提供的回调函数。这正是清单 8.1 所示的 getJSON 要做的事情。

清单 8.1　使用原生集 **XMLHttpRequest** 函数实现的 **getJSON**

```
const getJSON = function (url, success, error) {
   let req = new XMLHttpRequest();
   req.responseType = 'json';
   req.open('GET', url);
   req.onload = function() {
      if(req.status == 200) {
         let data = JSON.parse(req.responseText);
         success(data);
      }
      else {
         req.onerror();
      }
   }
   req.onerror = function () {
      if(error) {
         error(new Error(req.statusText));
      }
   };
   req.send();
};
```

回调函数在 JavaScript 中非常常见。但是，当需要加载更多数据时，读者会发现它们很难扩展，这将导致出现常见的回调模式。

8.1.2　陷入回调金字塔

回调的主要用途是避免阻塞 UI，防止用户长时间等待 IO 进程完成。接受回调而不

是返回值的函数实现了一种**控制反转**的形式："不要打电话给我，我会打给你的"。一旦事件发生，例如数据可用或用户单击按钮，数据会作为参数来调用回调函数，函数中的同步代码才开始运行：

```
var students = null;
getJSON('/students',
  function(students) {
      showStudents(students);
  },
  function (error) {
      console.log(error.message);
  }
);
```

在发生错误的情况下，会调用相应的错误回调函数，以便有机会报告错误并恢复。但是，这种控制反转跟函数式程序的设计有所冲突——函数式任务函数应该彼此独立，并且期望立即向调用者返回结果。如前所述，如果需要在已经嵌套的回调中添加更多的异步逻辑，则这种情况会更糟。

为了表明这一点，考虑一下稍微复杂的情况。假设从服务器获取学生列表之后，还需要获取成绩，但只需要居住在美国的学生。然后，该数据按 SSN 排序并显示在 HTML 页面上，如清单 8.2 所示。

清单 8.2　嵌套的 JSON 调用，其中还有自己的成功和错误回调

```
getJSON('/students',
    function (students) {
      students.sort(function(a, b){
            if(a.ssn < b.ssn) return -1;
            if(a.ssn > b.ssn) return 1;
            return 0;
      });
      for (let i = 0; i < students.length; i++) {
        let student = students[i];
        if (student.address.country === 'US') {
            getJSON(`/students/${student.ssn}/grades`,
              function (grades) {
                showStudents(student, average(grades));
              },
              function (error) {
                  console.log(error.message);
              });
        }
      }
    },
    function (error) {
        console.log(error.message);
    }
);
```

第一层嵌套用于包含成功和失败回调的 AJAX 请求

第二层嵌套用于包含其成功和失败回调的学生成绩获取请求

收到每个学生的成绩后，需要改写该函数来支持在表格中一个一个地增加学生及其成绩信息

第一层嵌套用于包含成功和失败回调的 AJAX 请求

在阅读本书之前，这段代码看起来可能还可以接受，但是一个函数式程序员会感觉非常凌乱（稍后章节会给出一个完整的函数式版本的代码）。处理事件时也会出现类似

的问题。清单 8.3 中交织着用户输入处理及 AJAX 调用。比如监听点击和鼠标事件，从服务器获取多条数据，并在 DOM 上呈现数据。

清单 8.3　按照 SSN 从服务器检索学生记录

```
var _selector = document.querySelector;
_selector('#search-button').addEventListener('click',
   function (event) {
   event.preventDefault();

   let ssn = _selector('#student-ssn').value;
   if(!ssn) {
      console.log('WARN: Valid SSN needed!');
      return;
   }


   else {
      getJSON(`/students/${ssn}`, function (info) {
         _selector('#student-info').innerHTML = info;
         _selector('#student-info').addEventListener('mouseover',
            function() {
               getJSON(`/students/${info.ssn}/grades`,
                  function (grades) {
                     // ... process list of grades for this
                     //     student...
                  });
            });
      })
      .fail(function() {
         console.log('Error occurred!');
      });
   }
});
```

而且这段代码非常难懂。比如，一系列的回调使代码变得像图 8.2 所示的金字塔。这也被称为"回调地狱（callback hell）"或"厄运圣诞树（Christmas tree of doom）"，很容易出现在处理许多异步代码和用户/ DOM 行为的时候。

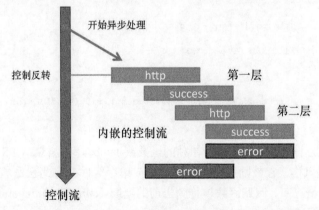

图 8.2　一个简单的控制流变成一个像"厄运圣诞树"一样水平生长的金字塔

一旦开始采取这种形式，程序将依赖于间距和句法组织来提高可读性。但这并没什么用。下面来看函数式如何能够改变这种情况。

8.1.3　使用持续传递式样

清单 8.3 是尚未正确分解的程序的另一个示例。嵌套回调函数不仅难以阅读，还可以闭包作用域上的变量与函数。嵌套函数的唯一原因是内部函数的计算依赖其外部变量。但是在这种情况下，内部的回调函数仍然保持着不必要的外部引用。对于这段代码，解决方案是使用**持续传递式样**（CPS）。清单 8.4 是 CPS 重构后的代码。

清单 8.4　使用 CPS 重构学生检索

```
var _selector = document.querySelector;

_selector('#search-button').addEventListener('click', handleClickMovement);

var processGrades = function (grades) {
    // ... process list of grades for this student...
};

var handleMouseMovement = () =>
    getJSON(`/students/${info.ssn}/grades`, processGrades);

var showStudent = function (info) {
  _selector('#student-info').innerHTML = info;
  _selector('#student-info').addEventListener(
     'mouseover', handleMouseMovement);
};

var handleError = error =>
    console.log('Error occurred' + error.message);

var handleClickEvent = function (event) {
    event.preventDefault();

    let ssn = _selector('#student-ssn').value;
    if(!ssn) {
       alert('Valid SSN needed!');
       return;
    }
    else {
       getJSON(`/students/${ssn}`, showStudent).fail(handleError);
    }
};
```

这里只是将内部回调分离为单独的函数或 lambda 表达式。CPS 是一种用于非阻塞程序的编程风格，它鼓励开发者将程序分成单个组件，因此它是函数式编程的中间形式。在这种情况下，回调函数被称为**当前的延续**（current continuation），它们由调用者在返回值上提供。CPS[1]的一个重要优点是其在上下文堆栈方面的效率（参见第 7 章有关 JavaScript 函数堆栈的信息）。如果程序完全在 CPS（如清单 8.4）中，持续计算会清除当前函数的上下文，并准备一个新的函数来支持继续程序流程的功能——每个函数基本上都是尾部调用形式。

使用 CPS 还可以修复清单 8.2 中同步和异步行为交错的问题。主要的问题是嵌套循环来发送 AJAX 请求检索每个学生的成绩并计算其平均值：

```
for (let i = 0; i < students.length; i++) {
  let student = students[i];
  if (student.address.country === 'US') {
    getJSON(`/students/${student.ssn}/grades`,
      function (grades) {
        showStudents(student, average(grades));
      },
      function (error) {
        console.log(error.message);
      }
    );
  }
}
```

乍一看好像代码应该可以工作，打印出学生 Alonzo Church 和 Haskell Curry[2]的名字及其各自的信息（该段代码使用 HTML 表来附加每个学生的所有数据，但也可以是一个文件或数据库插入）。然而，运行结果如图 8.3 所示。

SSN	First Name	Last Name	Grade
666-66-6666	Alonzo	Church	90
666-66-6666	Alonzo	Church	88

有的学生会出现两次？

图 8.3　异步函数与同步循环混合的错误命令式代码的运行结果。在获取远程数据时，函数调用将始终引用最后迭代的（闭包中的）学生记录，无论并打印多少次

这当然不是期望的结果。为什么同一个学生打印了两次？这个错误主要是由使用了同步的循环执行异步函数 getJSON 所导致的。循环并不会等待 getJSON 完成。即使用了块作用域的 let 关键字，所有对 showStudents(student, average(grades)) 的内部调用都将只能看到闭包中的最后一个学生对象引用。第 2 章曾讨论了这个问题，这种奇怪的循环问题证明函数的闭包不是其封闭环境的一个副本，而是实际的引用。注意，成绩仍然是正确的。这是因为获取的值是通过回调作为参数传递进去的。

---

[1] 事实上 CPS 应该是调用者通过参数传入 continuations。——译者注
[2] 不是随便两个学生的名字，他们分别是 lambda 算子之父与函数式语言之父。——译者注

正如第 2 章中提到的，解决这个问题的方法是将 student 对象放入产生 AJAX 请求的函数中。在这种情况下，使用 CPS 并不像以前那样简单，因为处理成绩的嵌套回调函数也取决于 student 对象。记住，这是副作用。CPS 的实现需要使用第 4 章中关于 currying 的内容，以帮助链接函数输入和输出：

```
const showStudentsGrades = R.curry(function (student, grades) {      ◁─── 使用柯里化将
  appendData(student, average(grades));                                   该函数转化为
});                                                                       一元函数

const handleError = error => console.log(error.message);            appendData 函数能
                                                                    够将行信息添加至
const processStudent = function (student) {                         HTML 表格中
  if (student.address.country === 'US') {
    getJSON(`/students/${student.ssn}/grades`,
      showStudentsGrades(student), handleError);        ◁─── 柯里化函数 showStudentsGrades
  }                                                          (student)最终被回调并传入成
};                                                           绩数据

for (let i = 0; i < students.length; i++) {
  processStudent(students[i]);
}
```

将循环的对象传递给函数
能够有效的将当前 students
的引用保存在闭包中

这段新代码计算出了正确的结果，如图 8.4 所示。

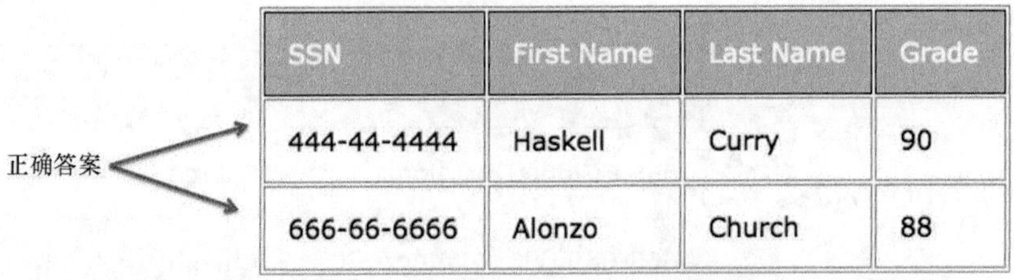

SSN	First Name	Last Name	Grade
444-44-4444	Haskell	Curry	90
666-66-6666	Alonzo	Church	88

正确答案

图 8.4　将当前 student 对象作为参数设置到函数的闭包中，解决了在循环中远程调用导致的歧义

采用延续传递风格有助于打破代码中的时间依赖性，并将异步流程伪装成线性的函数求值。但是当一个不熟悉这段代码的人看到时，他可能会对这些函数的执行顺序感到迷惑，所以需要一个让这种耗时操作成为一等公民的对象。

8.2　一等公民 Promise

上面的代码比本章开头所用的命令式异步程序要稍微好一些，但还不够函数式。函数式程序还需要具备以下性质。

■　使用组合和 point-free 编程。

- 将嵌套结构扁平化为更线性的流程。
- 抽象时间耦合的概念，这样就不需要关心它。
- 将错误处理整合到单个函数，而不是多个错误回调遍布在业务代码中。

每当提及扁平结构、组合和巩固行为时，开发者都应该考虑一种设计模式——Monad。先看看 Promise Monad，想象一个包含长时间计算的 Monad 容器（真实的 Promise 并不是这样，这只是一个比喻）：

```
Promise.of(<long computation>).map(fun1).map(fun2);//-> Promise(result)
```

与本书介绍的其他 Monad 不同，Promise "知道"需要等待长时间计算的完成。就这样，这个数据类型解决了异步调用中存在的延迟问题。就像 Maybe 和 Either 适用于不确定的返回值一样，Promise 适用于需要等待的数据。与传统的基于回调的方法相比，它还更容易执行、编写和管理异步操作。

可以使用 Promise 来包装将来要处理的值或函数（如果读者有一些 Java 经验，就会发现这与 Future <V>对象很类似）。耗时操作可能是一个复杂的计算，从数据库或服务器获取数据、读取文件等。在失败的情况下，Promise 允许开发者使用与 Maybe 和 Either 类似的方法来处理错误。Promise 可以提供有关工作状态的信息，因此可以提出以下问题：数据是否已成功获取？或者，操作中是否有任何错误？

如图 8.5 所示，Promise 可以是以下任何一个状态：pending、fulfilled、rejected 或者 settled。它以状态 **pending**（也称为 **unresolved**）开始。根据耗时操作的结果，Promise 会进入 **fulfilled**（resolve 被调用）或 **rejected** 的状态（reject 被调用）。一旦 Promise 已经变为状态 fulfilled，它可以将数据已经到达的消息通知给其他对象（延续或回调），或者在错误的情况下调用已注册的失败回调函数。这时 Promise 会处于 **settled** 状态。

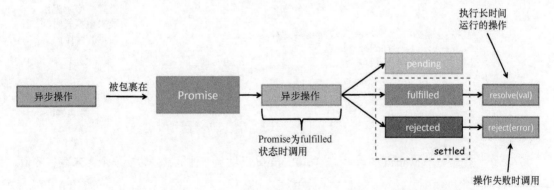

图 8.5　异步操作被封装在 Promise 中并提供两个回调：一个用于 resolve，另一个用于 reject。Promise 开始于 pending 状态，然后在 fulfilled 或 rejected 时分别调用函数 resolve 或 reject，然后变为 settled 状态

使用 Promise 可以更方便推理程序，并松解回调的耦合。就像 Maybe 用来消除代码中判空产生的嵌套 if-else 条件的数量一样，Promise 可以将一系列嵌套回调函数转换为一系列动作，类似于 Monad 的 map functor。

ES6 采用了 Promises/A +标准，浏览器制造商也实现了这一开放标准。参考文件可以在 https://promisesaplus.com 找到。推荐读者阅读，以更多地了解该复杂协议及其术语。可以简单地构建一个 Promise 对象：

```
var fetchData = new Promise(function (resolve, reject) {

  // fetch data async or run long-running computation

  if (<success>) {
    resolve(result);
  }
  else {
    reject(new Error('Error performing this operation!'));
  }
});
```

Promise 构造函数接收一个包含异步操作的函数（称为 **action** 函数），该函数需要两个回调（你可以将其视为延续），即 resolve 和 reject，分别在 fulfilled 或 rejected 时执行。注意，它受到 Either 设计模式的强烈影响。来看一个简单的例子，该例用了 Promise 与第 4 章中的简单 Scheduler：

```
var Scheduler = (function () {
  let delayedFn = _.bind(setTimeout, undefined, _, _);

  return {
    delay5: _.partial(delayedFn, _, 5000),
    delay10: _.partial(delayedFn, _, 10000),
    delay: _.partial(delayedFn, _, _)
  };
})();

var promiseDemo = new Promise(function(resolve, reject) {
  Scheduler.delay5(function () {
      resolve('Done!');
  });
});

promiseDemo.then(function(status) {
  console.log('After 5 seconds, the status is: ' + status);
});
```

设置一个延迟函数来模拟长时间运行的操作

resolve 该 promise

5 秒后 resolve 该 promise

就像一个 Monad 的 map 一样，Promise 提供了一种机制来转换一个尚未存在的值。

8.2.1 链接将来的方法

Promise 对象定义了一个 then 方法（类似于函子的 fmap），它对一个 Promise

中返回的值应用一个操作，并将其关闭并返回 Promise。与 Maybe.map(f) 类似，
Promise.then(f) 可以用于链接数据转换和添加函数，从而在函数之间抽象时间耦
合。因此，可以线性链接多级依赖异步行为，而不会创建新的嵌套，如图 8.6 所示。

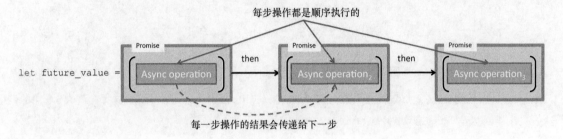

图 8.6　通过 then 方法加入一系列的 Promise。每一个 then 满足后，会等待
下一个 Promise 的值 fulfilled

　　then 方法接收两个可选参数：分别是成功回调与错误回调。在每个 then 块中提供错
误回调可以报告详细的错误信息，但也可以使用一系列成功回调，把错误处理逻辑延迟到
最后的 catch 方法。在开始链接 Promise 之前，先利用 Promise 来重构 getJSON——这
个过程叫 **Promise 化**。代码如清单 8.5 所示。

清单 8.5　Promise 化 getJSON

```
var getJSON = function (url) {
    return new Promise(function(resolve, reject) {
        let req = new XMLHttpRequest();
        req.responseType = 'json';
        req.open('GET', url);
        req.onload = function() {              ←  在 AJAX 函数
            if(req.status == 200) {               返回后调用
                let data = JSON.parse(req.responseText);
                resolve(data);                 ←  如果是成功响应
            }                                     （200 的响应码），
            else {                                则分解该 Promise
                reject(new Error(req.statusText));
            }                                  ←  如果响应码并非
        };                                        200 或者建立连
        req.onerror = function () {               接出错，则丢弃
            if(reject) {                          该 Promise
                reject(new Error('IO Error'));
            }                                  ←
        };
        req.send();       ←  发送一个
    });                      远程请求
};
```

　　Promise 化 API 是好的实践。这样代码比传统的回调更简单。因为 Promise 旨在包
装任何类型的耗时操作，而不仅仅是获取数据，所以它们可以与任何实现 then 方法的对

象（称为 thenable）一起使用。很快，所有 JavaScript 库都会兼容 Promise。

> **Promise 与 jQuery**
>
> 　　如果读者是 jQuery 用户，那么可能使用过 Promise。jQuery 的 `$.getJSON` 操作（以及 JQuery `$.ajax` 调用的任何变体）都会返回 Deferred 对象（Promise 的非标准版本），该对象实现 Promise 接口，并具有一个 then 方法。因此，可以跟使用 Promise 一样将 `Promise.resolve()` 应用到 Deferred：
>
> ```
> Promise.resolve($.getJSON('/students')).then(function () ...);
> ```
>
> 　　这个对象现在就像任何 promisified 对象一样 **thenable**。不过本书还是选择在清单 8.5 中的 getJSON 来说明如何重构 API 调用以使用 Promise 的过程。

　　首先来看一个简单的例子，用新的 Promise 的 getJSON 从服务器获取学生数据，然后获取成绩：

```javascript
getJSON('/students').then(
    function(students) {
        console.log(R.map(student => student.name, students));
    },
    function (error) {
        console.log(error.message);
    }
);
```

　　现在用 Promise 重构清单 8.2。以下是新的清单 8.2：

```javascript
getJSON('/students',
    function (students) {
      students.sort(function(a, b){
            if(a.ssn < b.ssn) return -1;
            if(a.ssn > b.ssn) return 1;
            return 0;
      });
      for (let i = 0; i < students.length; i++) {
        let student = students[i];
        if (student.address.country === 'US') {
          getJSON(`/students/${student.ssn}/grades`,
            function (grades) {
              showStudents(student, average(grades));
            },
            function (error) {
               console.log(error.message);
            });
        }
      }
    },
    function (error) {
       console.log(error.message);
    }
);
```

　　清单 8.6 中进行了以下函数式的更改。

- 使用 Promise 抽象代码的异步部分，并用 then 将它们连接在一起，来替代异步嵌套调用。
- 用 lambda 函数替代所有变量声明和状态改变。
- 利用 Ramda 的柯里化函数创建简洁的数据转换，如排序、过滤和映射。
- 将错误处理逻辑整合到最终的 catch 函数中。
- 将数据提升到 IO Monad 中，以无副作用的方式将数据写入 DOM。

清单 8.6　通过异步调用获取学生和成绩数据

隐藏 spinner。由于该函数并不返回任何值，Promise 中依附的值会被传入下一个 then 中

```
getJSON('/students')
    .then(hide('spinner'))
    .then(R.filter(s => s.address.country == 'US'))
    .then(R.sortBy(R.prop('ssn')))
    .then(R.map(student => {
        return getJSON('/grades?ssn=' + student.ssn)
            .then(R.compose(Math.ceil,
                forkJoin(R.divide, R.sum, R.length)))
            .then(grade =>
                IO.of(R.merge(student,
                  {'grade': grade}))
                .map(R.props(['ssn', 'firstname',
                    'lastname', 'grade']))
                .map(csv)
                .map(append('#student-info')).run())
            );
    }))
    .catch(function(error) {
        console.log('Error occurred: ' + error.message);
    });
```

去除不属于美国的学生

根据 SSN 排序剩下的对象

使用另一个 getJSON 请求来获取每个学生的成绩。对于每一个获取的学生对象，都会分别生成一个 Promise 来处理结果

使用函数式组合子和 Ramda 函数来计算平均值

使用 IO Monad 将学生和成绩信息添加到 DOM 中

　　因为 Promise 会隐藏处理异步调用的细节，这样像是每个函数都一个接一个地执行，无须关心内部的计算是正在从外部服务器请求数据还是其他耗时操作。Promise 隐藏异步工作流，但强调 then 的时间概念。换句话说，可以轻松地将 getJSON(url) 与允许的本地存储调用交换，比如 getJSON(db)，代码还能正常工作。这种灵活性称为**位置透明度**（location transparency）。还要注意，该代码具有 point-free 样式。图 8.7 描述了该程序的行为。

　　清单 8.6 的代码会提取每个学生的信息，并将它们一个接一个地添加到 DOM 中。但是通过序列化操作来获取成绩，这将失去一些宝贵的时间。Promise 其实还能够利用浏览器的多个连接一次获取多个项目。先来改一下需求。假设要计算同一组学生的平均成绩。在这种情况下，哪种顺序获取数据或哪些结果首先到达其实无关紧要，所以可以同时执行，为此可以使用 Promise.all()，如清单 8.7 所示。

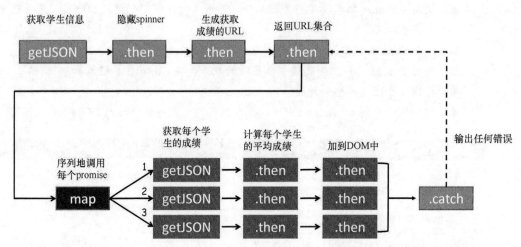

图 8.7　使用 Promise 链接产生的工作流。每个块包含一个函数，用于转换通过它的数据。
虽然这个程序是无缺陷的，而且实现了所有功能，但效率很低。因为瀑布式地
按序列调用 getJSON 来获取每个学生的成绩

清单 8.7　使用 `Promise.all()` 一次获取多个数据

```
const average = R.compose(Math.ceil,          均值函数被使用多次，
    forkJoin(R.divide, R.sum, R.length));     因此提为独立的函数

getJSON('/students')
    .then(hide('spinner'))
    .then(R.map(student => '/grades?ssn=' + student.ssn))
    .then(gradeUrls =>                          并发地下载所有
      Promise.all(R.map(getJSON, gradeUrls)))   的学生信息
    .then(R.map(average))
    .then(average)                             计算班级的
    .then(grade => IO.of(grade).map(console.log).run())  平均成绩
    .catch(error => console.log('Error occurred: ' + error.message));
```

计算每个学生的平均成绩

使用 IO Monad 写入控制台

使用 `Promise.all` 可以利用浏览器一次下载多项数据。数组中的所有 Promise 一旦分解，整个 Promise 就会分解。清单 8.7 汇集了函数式代码的两个基本要素：将程序分解成简单的函数，然后通过 Monadic 数据类型组合来编制整个程序的执行过程。这个过程的示意图如图 8.8 所示。

但是，Monads 不仅仅用于组成方法链。正如前几章中提到的，它们也可用于组合。

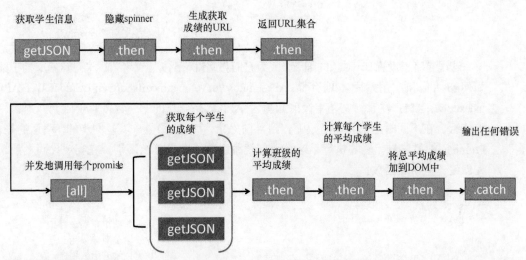

图 8.8 通过使用 `Promise.all()` 链接线性和并发的 Promise 工作流。每个 thenable 块包含一个函数，用于转换通过它的数据。该程序是高效的，因为它可以产生几个并行连接以一次获取所有数据

8.2.2 组合同步和异步行为

想象一下组合函数时输入和输出连接在一起的画面，读者肯定会觉得它们会一个接一个线性地执行。但是，使用 Promise 可以做到执行时分离，但仍然保留着类似同步程序的外观。这个概念有点难以把握，下面用例子来阐释。

前面用同步版本的 `find(db, ssn)` 来实现 `showStudent`。为简单起见，假设 `find` 是同步的。现在用浏览器的本地存储 IndexedDB 来实现异步版本。IndexedDB 可用于存储特定密钥（SSN）。如果读者从未用过此 API，也不用担心，因为这里会用 Promise 来实现 `find`，如清单 8.8 所示。这里需要注意的一点是，如果 `student` 对象存在，这个 Promise 将会被分解，否则将会被丢弃。

清单 8.8　使用浏览器的本地存储实现 `find` 函数

```
// find :: DB, String -> Promise(Student)
const find = function (db, ssn) {
    let trans = db.transaction(['students'], 'readonly');
    const store = trans.objectStore('students');
    return new Promise(function(resolve, reject) {          将获取任务的结果
        let request = store.get(ssn);                       包裹在 Promise 中
        request.onerror = function() {
            if(reject) {                                    查找对象失败的事件会
                reject(new Error('Student not found!'));    导致丢弃该 Promise
            }
        };
        request.onsuccess = function() {
```

```
            resolve(request.result);
        };
    });
};
```

如果查找对象成功，分解该 Promise 并将匹配的学生对象传递下去

这里省略了设置 db 对象的细节，因为它们与此讨论无关。读者可以通过这篇文档了解如何初始化和使用索引本地存储 API：https://developer.mozilla.org/en-US/docs/Web/API/IndexedDB_API。注意，文档中读取和写入 API 都是异步的——都依赖于回调。那么，如何组合在不同时刻执行的函数呢？到目前为止，find 函数一直是同步的。幸运的是，Promise 抽象异步代码的执行，这样一来就跟组合函数没什么区别。在实现代码之前，先创建一些帮助函数：

```
// fetchStudentDBAsync :: DB -> String -> Promise(Student)
const fetchStudentDBAsync = R.curry(function (db, ssn) {
    return find(db, ssn);
});
```

柯里化对象获取函数，以用于后续的函数组合

```
// findStudentAsync :: String -> Promise
const findStudentAsync = fetchStudentDBAsync(db);
```

```
// then :: f -> Thenable -> Thenable
const then = R.curry(function (f, thenable) {
    return thenable.then(f);
});
```

在 thenable 类型（即实现了 then 方法的对象，比如 Promise）上启用链接操作

```
// catchP :: f -> Promise -> Promise
const catchP = R.curry(function (f, promise) {
    return promise.catch(f);
});
```

为 Promise 对象提供错误处理逻辑

```
// errorLog :: Error -> void
const errorLog = _.partial(logger, 'console', 'basic',
    'ShowStudentAsync', 'ERROR');
```

建立一个命令行日志记录器

使用 R.compose 来组合这些函数会得到清单 8.9 所示的代码。

清单 8.9　showStudent 的异步版本

捕获所有错误

```
const showStudentAsync = R.compose(
    catchP(errorLog),
    then(append('#student-info')),
    then(csv),
    then(R.props(['ssn', 'firstname', 'lastname'])),
    chain(findStudentAsync),
    map(checkLengthSsn),
    lift(cleanInput));
```

then 等价于 Monad 的 map 方法

将同步操作与异步操作相链接的关键点（后文解释）

这样，读者应该可以体会到组合与 Promise 的力量。如图 8.9 所示，当 findStudentAsync 运行时，会按照 compose 顺序等待异步函数的执行，以便继续执行其余的函数。在这种

情况下，可以把 Promise 作为进入异步部分的网关。而且它也是声明式的，因为这个程序中没有显示函数的异步性质，或是内部回调的使用。因此，compose 仍然可以用 point-free 风格编排这些不同步执行的函数。

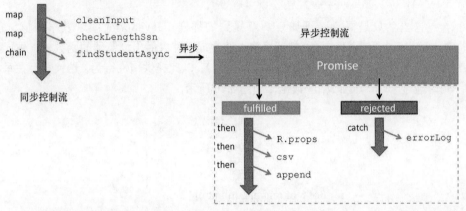

图 8.9 同步控制流转换成异步的关键，是控制在 Promise 类型范围内发生的时间相关的事件序列

这里还添加了错误处理逻辑，现在 showStudentAsync('444-44-4444') 可以成功地将学生记录附加到页面。否则，如果 Promise 被丢弃，该错误将在整个程序中安全的传播，直到 catch 子句打印出以下内容：

```
[ERROR] Error: Student not found!
```

现在程序是复杂的，但是可以通过整合本书中的许多概念来保持其函数式式风格，如组合、高阶函数、Monad、容器化、映射、链接等。此外，等待或 **yield** 数据的概念也被引入 ES6 JavaScript 中（后文会讲到）。

8.3 生成惰性数据

ES6 最强大的功能之一是可以通过暂停函数执行而不用一次运行完。这带来了许多（可能无限的）机会，比如函数可以生成惰性数据，而不必一次处理大量的数据。

一方面，可以拥有大量对象集——需要根据业务规则进行转换（这一切可以通过 map、filter、reduce 等完成）；另一方面，还可以指定可管理如何创建数据的规则。例如，在数学意义上，函数 x => x * x 只不过是所有平方数（1、4、9、16、25 等）的规范。这称为**生成器**（generator）。

生成器函数通过语言级别的 function* 符号定义（是的，带有星号的函数）。这种新型函数可以使用新的关键字 yield 退出，随后还可以重新进入该上下文（所有本地变量绑定）。如果读者不熟悉函数的执行上下文，请参阅第 7 章的相关内容。与典型的函数调用不同，生成函数的执行上下文可以暂时暂停，然后随意恢复。

惰性求值语言可以根据程序的要求生成任意大小的列表。如果 JavaScript 也是惰性求值，理论上可以做如下的事情：

```
R.range(1, Infinity).take(1); //-> [1]
R.range(1, Infinity).take(3); //-> [1,2,3]
```

这当然只是概念。正如第 7 章提到的那样，JavaScript 属于及早求值，所以对 R.range(1, Infinity) 的调用将无法完成，并会溢出浏览器的函数栈。生成器被调用时会在内部产生一个迭代器（iterator），以此提供惰性行为。迭代器会在每次被调用时通过 yield 返回相应数据，如图 8.10 所示。

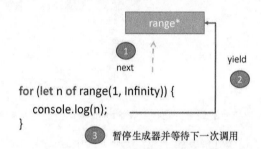

图 8.10　在循环中执行 range 生成器。循环的每次迭代都会使生成器
暂停并产生新的数据。因此，生成器与迭代器具有相似的语义

下面来看一个简单的例子，该例只取前 3 个元素，而不会产生无数的列表：

```
function *range(start = 0, finish = Number.POSITIVE_INFINITY) {
  for(let i = start; i < finish; i++) {
    yield i;                              返回给调用者，同
  }                                       时记住所有局部
}                                         变量的状态

const num = range(1);
num.next().value; //-> 1
num.next().value; //-> 2
num.next().value; //-> 3
                                          生成器是 iterable 类型的，也就是说，
// or                                     可以像数组一样在循环语句中使用
                                          （下文会介绍）。ES6 引入一个可用于
for (let n of range(1)) {                 生成器的新循环结构 for…of
  console.log(n);
  if(n === threshold) {                   阈值判断，防
    break;                                止无限循环
  }
}// -> 1,2,3,...
```

使用生成器，可以惰性地从无限集中取一定数量的元素：

```
function take(amount, generator) {
  let result = [];
  for (let n of generator) {
    result.push(n);
```

```
      if(n === amount) {
         break;
      }
   }
   return result;
}
take(3, range(1, Infinity)); //-> [1, 2, 3]
```

除了一些限制，生成器的行为与任何标准函数调用非常相似。可以通过给它传递参数，（也许是一个函数）来操作生成的值：

```
function *range(specification, start = 0,
   finish = Number.POSITIVE_INFINITY) {

   for(let i = start; i < finish; i++) {
      yield specification(i);
   }
}

for (let n of range(x => x * x, 1, 4)) {
   console.log(n);
}// -> 1,4,9,16
```

将 specification 函数应用于生成的每一个值上

生成器与高阶函数一样，能够通过参数实现特定的行为。在这里，生成器用于生成一系列平方数字

生成器函数的另一个优点就是可以递归地使用。

8.3.1 生成器与递归

就像任何函数调用一样，也可以在生成器中调用其他生成器。这对于将嵌套对象集合扁平化非常有用，比如树的遍历。因为可以用 for...of 遍历生成器，调用另一个生成器就类似于合并两个集合并遍历。回顾第 3 章的学徒图，如图 8.11 所示。

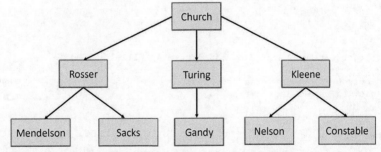

图 8.11　重新审视第 3 章的学徒图，每个节点代表一个 student 对象，每个箭头代表"学生关系"

可以使用生成器轻松地对这棵树进行建模（稍后将显示运行此程序的打印结果）：

```
function* AllStudentsGenerator(){
   yield 'Church';

   yield 'Rosser';
   yield* RosserStudentGenerator();
```

使用 yield* 关键字将调用请求代理到另一个生成器上

```
        yield 'Turing';
        yield* TuringStudentGenerator();

        yield 'Kleene';
        yield* KleeneStudentGenerator();
}

function* RosserStudentGenerator(){
        yield 'Mendelson';
        yield 'Sacks';
}

function* TuringStudentGenerator(){
        yield 'Gandy';
        yield 'Sacks';
}

function* KleeneStudentGenerator(){
        yield 'Nelson';
        yield 'Constable';
}

for(let student of AllStudentsGenerator()){
        console.log(student);
}
```

可以用这种方式来交错
调用其他生成器

该循环的执行机制就如同处理
一个单独的大生成器一样

　　因为递归是函数式编程的一个重要组成部分，尽管发生器背后有特殊的语义，但我还是想证明，它们表现得很像标准函数调用，可以自己调用自己。下面的代码使用递归遍历这棵树（每个节点包含一个 Person 对象）：

```
function* TreeTraversal(node) {
        yield node.value;
        if (node.hasChildren()) {
            for(let child of node.children) {
                yield* TreeTraversal(child);
            }
        }
}

var root = node(new Person('Alonzo', 'Church', '111-11-1231'));

for(let person of TreeTraversal(root)) {
    console.log(person.lastname);
}
```

使用 yield*将调用请求
代理给生成器自身

第 3 章中提到，树
的根对象由 Church
节点开始

　　运行此代码的输出与之前是一样的：Church、Rosser、Mendelson、Sacks、Turing、Gandy、Kleene、Nelson 和 Constable。如上述代码所示，控制传给了其他生成器，一旦完成，将返回给调用者。然而，从循环的角度来看，它只是调用一个内部**迭代器**，直到遍历完数据，并不会在意递归的发生。

8.3.2　迭代器协议

　　生成器与另一个称为**迭代器**的 ES6 特性紧密相连，这也是可以像遍历其他数据结构

（如数组）一样遍历生成器的原因。事实上，生成函数返回符合迭代器协议的 Generator
对象。这意味着它实现一个名为 next() 的方法，该方法返回使用 yield 关键字 return
的值。此对象具有以下属性。

- done——如果迭代器到达序列结尾，则值为 true；否则，值为 false，表示
  迭代器还可以生成下一个值。
- value——迭代器返回的值。

这足以让读者了解生成器的工作原理。再来看看如何以这种方式实现 range 生
成器：

```
function range(start, end) {

  return {
    [Symbol.iterator]() {
      return this;
    },
    next() {
      if(start < end) {
        return { value: start++, done:false };
      }
      return { done: true, value:end };
    }
  };
}
```

> ← 表明返回的对象是一个(实现了迭代器协议的) iterable 对象

> ← 生成器的主要逻辑实现。如果还有可生成的数据，返回一个包含了生成值和 done 标志为 false 的对象；否则，done 会被置为 true

可以以这种形式创建符合某种规范的数据。例如平方生成器：

```
function squares() {
  let n = 1;
  return {
    [Symbol.iterator]() {
      return this;
    },
    next() {
      return { value: n * n++ };
    }
  };
}
```

JavaScript 中有许多内含 @@iterator 属性的可迭代对象。数组是可以这样使用的：

```
var iter = ['S', 't', 'r', 'e', 'a', 'm'][Symbol.iterator]();
iter.next().value; // S
iter.next().value; // t
```

字符串也可以迭代：

```
var iter = 'Stream'[Symbol.iterator]();
iter.next().value// -> S
iter.next().value// -> t
```

笔者欲提出将数据作为流的想法，当被探测时产生离散的事件或值序列。比如这些

值流入一系列纯高阶函数，并转换为期待的输出。这种思维方式至关重要，并引出了另一种称为**响应式编程**的编程范式（基于函数式编程）。

8.4 使用 RxJS 进行函数式和响应式编程

前面提到，Web 应用程序的性质之所以发生了巨大变化，主要是受 AJAX 的影响。当人们推动网络到极致时，用户的期望不仅是更多的数据，还需要有更多的交互性。应用程序需要能够处理来自不同来源的用户输入，例如按钮按压、文本字段、鼠标移动、手指手势、语音命令等、并且能够以一致的方式进行这些交互很重要。

本节将介绍一个名为 Reactive Extensions for JavaScript（RxJS）的响应式库，以用于优化组合异步和基于事件的程序（有关安装信息参见附录）。RxJS 的工作方式类似于本章前面所介绍的 Promise 的示例，但它提供了更高程度的抽象和更强大的操作。在开始之前，读者必须了解 **Observable** 的概念。

8.4.1 数据作为 Observable 序列

Observable 是可以订阅的数据对象。应用程序可以订阅如读取文件、Web 服务调用、查询数据库、推送系统通知、处理用户输入、遍历元素集合或甚至解析简单字符串而发出的异步事件。响应式编程使用 **Rx.Observable** 为这些数据提供统一的名为可观察的流（observable stream）的概念。流是**随时间发生的有序事件的序列**。要提取其值，必须先订阅它。下面来看一些例子：

```
Rx.Observable.range(1, 3)
    .subscribe(
        x => console.log(`Next: ${x}`),
        err => console.log(`Error: ${err}`),
        () => console.log('Completed')
    );
```

订阅方法需要 3 个回调函数：序列处理函数、异常终止函数和完成终止函数

运行上述代码将创建一个会发出值为 1、2、3 的 Observable 序列。结束时，会回调第三个参数打印出 Completed：

```
Next: 1
Next: 2
Next: 3
Completed
```

考虑使用先前的 `squares` 生成器函数，如果改成 Observable（需要添加一个参数来生成有限数量的正方形）：

```
const squares = Rx.Observable.wrap(function* (n) {
  for(let i = 1; i <= n; i++) {
    return yield Observable.just(i * i);
  }
```

```
});

squares(3).subscribe(x => console.log(`Next: ${x}`));

Next: 1
Next: 4
Next: 9
```

从这些示例可以看出，可以使用 Rx 以完全相同的方式处理任何类型的数据，因为 Rx.Observable 将数据转换为流。Rx.Observable 包装或提升任何可观察对象，然后可以映射和应用不同的函数，最后将其中的值转换为所需的输出。因此，这是一个 Monad。

8.4.2　函数式编程与响应式编程

Rx.Observable 对象将函数式编程与响应式编程结合在一起。它实现了第 5 章中提到的最小 Monadic 接口（map、of 和 join）以及流操作特有的许多方法。示例如下：

```
Rx.Observable.of(1,2,3,4,5)
  .filter(x => x%2 !== 0)
  .map(x => x * x)                              ◁──── 过滤掉偶数
  .subscribe(x => console.log(`Next: ${x}`));

//-> Next: 1
    Next: 9
    Next: 25
```

图 8.12 显示了所发生的转换。

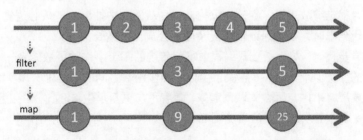

图 8.12　从 Observable 应用函数 filter 和 map 的过程

如果读者之前没有阅读过任何一本函数式编程书，那么会觉得响应式编程最难的部分是如何学习"响应式思维"。但响应式思维与函数式思维没有什么不同，只是使用不同的工具集而已。实际上，大部分网络上的响应式编程的文档都是通过介绍函数式编程技术开始的。流带来的是声明式的代码和链式计算。因此，响应式编程倾向于和函数式编程一起使用，从而产生**函数式响应式编程**（Functional Reactive Programming，FRP）。

建议阅读

　　自 2013 年以来，响应式编程开始受到关注，因此有相当多和 FRP 相关的内容。本书并非要教读者掌握响应式编程，而是要表明响应式编程实际上是把函数式编程应用到异步和基于事件的问题。

　　如果读者想了解更多有关响应式编程和 FRP 的信息，可以查看 Stephen Blackheath 和 Anthony Jones 的《Functional Reactive Programming》（Manning，2016），这本书可以在 https://www.manning.com/books/functional-reactive-programming 找到。如果读者有兴趣了解更多 RxJS 与函数式编程的内容，可以阅读 Paul Daniels 和 Luis *Atencio 的*《RxJS in Action》（Manning，2017 年出版）。

　　现在既然了解了 Observable，下面就使用 RxJS 来处理用户输入。当需要处理许多不同来源的交互和事件时，很容易写出纠结又难以阅读的代码。比如读取和验证 SSN 字段的简单示例：

```
document.querySelector('#student-ssn')
    .addEventListener('change', function (event) {
        let value = event.target.value;

        value = value.replace(/^\s*|\-|\s*$/g, '');
        console.log(value.length !== 9 ? 'Invalid' : 'Valid'));
});
//-> 444          Invalid
//-> 444-44-4444  Valid
```

　　因为 change 事件是异步发生的，所有业务逻辑就不得不写入单个回调函数中。如本章前面所述，如果继续为页面上的每个按钮、字段和链接堆积更多的事件处理代码，这段代码会很难缩放规模。唯一的重构方式是从回调中抽出一些核心逻辑。那么当更多的业务逻辑到来时，如何保证代码复杂度不会成比例增长？

　　与异步代码一样，函数式编程很难与传统的基于事件的函数结合——这两种范例是不一样的。类似于 Promise 解决了函数和异步函数之间的不匹配，Rx.Observable 提供的抽象层将事件与函数式联系起来。随着用户更新学生 SSN 输入字段，随时间触发的 change 事件可以建模成流（见图 8.13）。

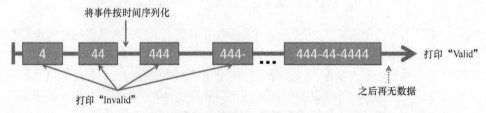

图 8.13　把 SSN 输入字段的 change 事件创建成可观察的流

通过这种思想，开发者可以使用 FRP 重构先前基于事件的代码，这样就可以订阅事件，并使用纯函数来实现所有业务逻辑：

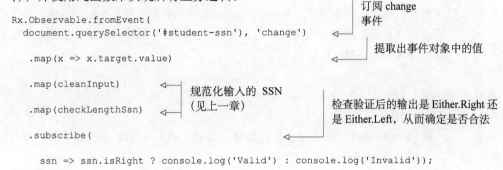

```
Rx.Observable.fromEvent(
  document.querySelector('#student-ssn'), 'change')          订阅 change
                                                              事件

  .map(x => x.target.value)                                   提取出事件对象中的值

  .map(cleanInput)              规范化输入的 SSN
                               （见上一章）
  .map(checkLengthSsn)                            检查验证后的输出是 Either.Right 还
                                                  是 Either.Left，从而确定是否合法
  .subscribe(

    ssn => ssn.isRight ? console.log('Valid') : console.log('Invalid'));
```

上述代码重用了前几章的函数，因此传入 subscribe 的值为 Right(SSN) 或 Left(null) 的 Either 类型。RxJS 不仅擅长链接线性异步数据流来处理事件，还将 Promise 纳入其强大的 API，这样就可以用一种编程模型来操作异步的所有事情。

8.4.3 RxJS 和 Promise

RxJS 可以将任何 Promises / A +兼容的对象转换成可观察的序列。这意味着可以包装耗时的 getJSON 函数，将其值转换为流。比如在美国居住的学生排序列表的示例：

```
Rx.Observable.fromPromise(getJSON('/students'))           不区分大小写地
    .map(R.sortBy(R.compose(R.toLower, R.prop('firstname'))))  根据名字对所有
    .flatMapLatest(student => Rx.Observable.from(student))     学生对象排序
    .filter(R.pathEq(['address', 'country'], 'US'))
    .subscribe(
        student => console.log(student.fullname),             将学生对象数组
        err => console.log(err)                               转换为可观测的
    );                                                        学生序列
// -> Alonzo Church
      Haskell Curry              打印结果                      过滤不在美国
                                                              的学生
```

可以看到，这段代码保留了很多关于 Promise 的知识，只是稍有区别。注意，subscribe 中的集中错误处理逻辑。如果 Promise 无法进入 fulfilled 状态，比如正在访问的 Web 服务关闭，就会传递错误并调用错误回调中的打印（这很 Monad 风格）：

```
Error: IO Error
```

如果没有异常，学生对象的列表被排序（这里会按照名字顺序），并传递给将响应对象转换成可观察的学生数组的 flatMapLatest 函数。最后，筛选出不在美国境内的学生，并打印结果。RxJS 工具包提供了很多的功能，这里只是涉及皮毛而已。有关更

深入的信息，请访问 https://xgrommx.github.io/rx-book。

　　本书们使用函数式编程来处理所有不同类型的具有挑战性的 JavaScript 问题，包括处理集合、使用 AJAX 请求、数据库调用、处理用户事件等。至此，本章已经详细地探讨了理论以及函数式的一些实际应用。读者一旦掌握了函数式的核心思维，就很容易将其应用到真实世界的程序中。

8.5　总结

- Promise 为回调驱动的设计提供了函数式的解决方案。长期以来，回调一直是 JavaScript 程序的一大困扰。
- Promise 提供链接和组合“未来”函数的可能，抽象出时间依赖代码，并降低复杂性。
- 生成器则采用另一种方法来抽象异步代码，即通过惰性迭代器可以 yield 还未准备好的数据。
- 函数式响应式编程提升了抽象的层次，这样就可以将事件视为独立的逻辑单元。这可以让开发者更专注于任务，而不是处理复杂的实现细节。

附录　本书中使用的 JavaScript 库

函数式 JavaScript 库

因为 JavaScript 不是纯粹的函数式语言，所以开发者必须依靠第三方库的帮助。开发者可以将其加载到项目中，以模拟诸如柯里化、组合、记忆化、惰性求值、不变性等这些纯粹的函数式语言（如 Haskell）的核心特性。使用这些库，就不需要自己实现这些特性，因此开发者可以更专注于编写业务逻辑功能，并将此编排代码的事情委托给这些库。本附录列出了本书中使用的函数式库。这些库旨在提供如下特性。

- 填补其他语言结构和高级实用函数与标准 JavaScript 环境的空白，从而可以使用简单的函数编写代码。
- 在客户端上使用 JavaScript 时，确保了不同浏览器的功能一致。
- 以一致的方式抽象出函数式编程技术的内部结构，如柯里化、组合、部分应用、惰性求值等

对于每个库，本附录将给出浏览器和服务器（Node.js）环境的安装说明。

Lodash

这个实用程序库是 Underscore.js 的分支。Underscore 过去为函数式 JavaScript 程序员广泛采用，并且是重要的 JavaScript 框架，如 Backbone.js 的依赖。Lodash 保持着 Underscore API，但是内部实现已被完全重写，还包括了其他的性能增强。本书主要使用 Lodash 构建模块化的函数式链。

- 版本：3.10.1

- 安装：
  - 浏览器。`<script src="lodash.js"> </ script>`
  - Node。`$npm i --save lodash`

Ramda

Ramda 是专门为函数式编程设计的工具库，有助于创建函数管道。Ramda 的所有函数都是不可变的、无副作用的。此外，所有函数都已自动柯里化，参数的设计都方便柯里化与组合。Ramda 还包含了本书中使用的 Lens，通过它可以用不可变的方式读取/写入对象的属性。

- 版本：0.18.0
- 安装：
  - 浏览器。`<script src="ramda.js"> </ script>`
  - Node。`$npm install ramda`

RxJS

全称为 Reactive Extensions for JavaScript，其实现了一种称为响应式编程的范式。这种范式结合了观察者模式、迭代器模式和函数式编程的思想，有助于编写异步和基于事件的程序。

- 版本：4.0.7
- 安装：
  - 浏览器。可以从任何 JavaScript 存储库下载所需的软件包。本书所需的包为：`rx-async`、`rx-dom` 和 `rx-binding`。
  - Node。`$npm install rx-node`

使用的其他库

本书还使用非函数式库来处理软件开发的其他一些方面，如日志记录、测试和静态代码分析等。

Log4js

Log4JavaScript 是一个客户端日志记录框架，遵循与其他语言（如 Log4j（Java），log4php（PHP）等）相同的“Log4X”设计。该库通常用于企业级日志记录，比典型的console.log 强大得多。

- 版本：1.0.0
- 安装：

— 浏览器。`<script src="log4.js"> </ script>`

— Node。`$npm install log4js`

QUnit

QUnit 是一个强大、轻量且易于使用的 JavaScript 单元测试框架。它用于 jQuery 等流行项目，并且能够测试通用的 JavaScript 代码。

- 版本：1.20.0
- 安装：

— 浏览器。`<script src="qunit-1.20.0.js"> </ script>`

— Node。`$npm install --save-dev qunitjs`

Sinon

Sinon.JS 是 JavaScript 的一个 stub 和 mock 框架。在本书中，它与 QUnit 结合使用，以 mock 上下文和 API 来扩展测试环境。

- 版本：1.17.2
- 安装：

— 浏览器。`<script src="sinon-1.17.2.js"> </ script>`
`<script src="sinon-qunit-1.0.0.js"> </ script>`

— Node。`$npm install sinon`
`$npm install sinon-qunit`

Blanket

Blanket.js 是 JavaScript 的代码覆盖工具。它旨在通过代码覆盖率统计补充现有的 JavaScript 单元测试（QUnit 测试）。代码覆盖率为通过单次测试所通过的代码执行行数的百分比。它分三个阶段工作。

1）加载源文件。

2）给代码添加跟踪代码。

3）在测试运行后回调并输出 coverage 细节。

- 版本：1.1.5
- 安装：

— 浏览器。`<script src="blanket.js"></ script>`

— Node。`$npm install blanket`

JSCheck

JSCheck 是由 Douglas Crockford 编写的，由 Haskell 的 QuickCheck 项目启发的规范

驱动（基于属性）的 JavaScript 测试库。通过对函数 d 的属性描述，生成试图证明这些属性的随机测试用例。

■ 安装:

— 浏览器。`<script src="jscheck.js"> </ script>`

— Node。`$npm install jscheck`